广东省海洋六大产业发展
蓝皮书 2022

广东海洋协会　编著

海洋出版社

2022 年·北京

图书在版编目（CIP）数据

广东省海洋六大产业发展蓝皮书. 2022/广东海洋协会编著. —北京：海洋出版社，2022. 5

ISBN 978-7-5210-0953-8

Ⅰ.①广… Ⅱ.①广… Ⅲ.①海洋开发-产业发展-研究报告-广东-2022 Ⅳ.①P74

中国版本图书馆 CIP 数据核字（2022）第 085200 号

策划编辑：许晓恋
责任编辑：侯京淮
责任印制：安　森

海洋出版社　出版发行

http://www. oceanpress. com. cn

北京市海淀区大慧寺路 8 号　邮编：100081
鸿博昊天科技有限公司印刷　新华书店北京发行所经销
2022 年 6 月第 1 版　2022 年 6 月第 1 次印刷
开本：787mm×1092mm　1/16　印张：16. 25
字数：250 千字　定价：98. 00 元
发行部：010-62100090　邮购部：010-62100072　总编室：010-62100034
海洋版图书印、装错误可随时退换

《广东省海洋六大产业发展蓝皮书2022》
编写人员名单

主　　编　陈　竹

副主编　彭　勃　胡月桂　邱　玲

参编人员(按姓氏笔画为序)

王　琰　王　耀　王海龙　冯　程　朱本铎

刘成成　刘碧涛　杨　帆　杨　振　吴庐山

张　乾　张翠仙　陈灵芝　周雪峰　钟文婷

钟美达　段　琴　贾后磊　郭　团　黎咏诗

颜云榕　鞠建华

序

海洋孕育了生命，联通了世界，促进了发展。党中央、国务院高度重视海洋工作。习近平总书记指出，建设海洋强国是实现中华民族伟大复兴的重大战略任务。近年来，广东省坚持以习近平总书记对广东工作的重要指示批示、关于海洋的系列重要论述以及海博会贺信精神为指引，将海洋作为高质量发展的战略要地，以海洋电子信息、海上风电、海洋生物、海洋工程装备、天然气水合物、海洋公共服务六大产业为抓手，积极培育海洋新兴产业，大力发展海洋经济，扎实推进海洋强省建设。

为贯彻落实《广东省海洋经济发展"十四五"规划》，促进海洋高端产业集聚，提升海洋科技成果转化能力，打造若干个千亿级以上海洋产业集群，构建创新型海洋经济体系，在广东省自然资源厅指导下，广东海洋协会组织编写了《广东省海洋六大产业发展蓝皮书2022》。

《广东省海洋六大产业发展蓝皮书2022》对海洋电子信息、海上风电、海洋生物、海洋工程装备、天然气水合物、海洋公共服务六大产业在国际、国内及广东省的发展状况进行了梳理和呈现，绘制了各产业在广东省内的产业链供应链全景图谱；分析预测了产业发展前景，尤其是当前国际局势、新冠肺炎疫情冲击下各产业发展所面临的挑战和机遇；提出了新发展格局背景下如何把握历史机遇，率先突破一批核心技术和关键共性技术，引导形成海洋新业态、新模式的产业发展建议。希望本书的出版，能有效发挥支撑行政管理部门和企业界科学决策的作用，也能对科研院所、教育工作者和社会公众提供引导和参考。

本书的编写工作得到了广州海格通信集团有限公司、中国能源建设集团广东省电力设计研究院有限公司、广州黄埔文冲船舶有限公司、中国科学院南海海洋研究所、广州邦鑫数据科技有限公司、广东海洋大学、广东省海洋发展规划研究中心等单位的大力支持。广州海洋地质调查局朱本铎教授级高工、中国科学院南海海洋研究所周雪峰研究员、何伟宏研究员、中国科学院广州能源研究所陈朝阳研究员、中山大学李朝晖教授、谢鹏教授、杨帆副教授、暨南大学郭团教授、自然资源部南海规划与环境研究院贾后磊教授级高工、杨帆高级工程师、王琰高级工程师、自然资源部南海信息中心王平教授级高工、苏州热工研究院潘伟伟高级工程师、自然资源部南海调查技术中心欧阳永忠教授级高工、中集海洋工程有限公司冯玮高级工程师（排名不分先后）等专家参与了编写。在编写过程中，杨振、刘岚、张翠仙、潘浩波、郭瑞、符传波、汪建华、古小东、伍业锋、冯景春等专家和企业家对书稿提出了宝贵意见，在此一并致谢。

　　由于能力有限，不当和疏漏之处在所难免，敬请读者批评指正。

作者

2022 年 5 月 10 日

目　录

广东省海洋工程装备产业发展蓝皮书

一、海洋工程装备产业概况

(一)海洋工程装备的内涵

从广义上讲,海洋工程装备是人类在开发、利用和保护海洋所进行的生产和服务活动中使用的各类装备的总称,是开发和利用海洋的前提和基础,处于海洋产业价值链的核心,日益成为世界各国开展竞争的焦点领域。海洋资源种类丰富,主要包括海洋油气资源、海洋固体矿产资源、海洋生物资源、海洋可再生能源、海水及化学资源和海洋空间资源等六大类(表1)。

目前,海洋油气资源的勘探开发技术最为成熟,其装备种类数量多、规模大,是海洋工程装备制造业的主要产品。海上风能发电、潮汐能发电、海水淡化和综合利用、海洋观测和监测等方面的装备技术也已经基本成熟,具有较好的发展前景。而且,随着波浪能、海底金属矿产、可燃冰等海洋资源的开发技术不断成熟,相关装备的发展也将逐步提上日程。

本报告中海洋工程装备以海洋油气资源勘探开发装备为主(图1)。根据装备在海洋油气开发中的用途划分成3类:勘探开发装备、生产储运装备、海洋工程船。其中:油气勘探开发装备包括移动钻井装备(自升式钻井平台、半潜式钻井平台、钻井船等)和平台钻机;油气生产储运装备包括固定式生产平台和移动式生产平台(FPSO、半潜式生产平台、TLP、SPAR等);海洋工程船包括调查船(物探船、科考船)、支援船(三用工作船、平台供应船、应急救援船、多用途支持船)、作业船(铺管/布缆船、起重船、装备运输船、居住船、水下施工船等)以及水下生产系统及

1

油气外输系统等其他海洋油气资源勘探开发装备。

表1　海洋资源分类表

总类	大类	类别	用途
海洋资源	海洋油气资源	海底石油资源	石油工业
		海底天然气资源	天然气工业
		海底天然气水合物	
	海洋固体矿产资源	滨海矿砂	工业
		海底热液矿床	
		海底结核	
		海底结壳	
		海底磷矿	
	海洋生物资源	渔业生物资源	渔业
		养殖业生物资源	养殖业
		药用生物资源	生物制药
	海水及化学资源	海水淡水资源	工业、农业、饮用
		海水各类化学元素	工业
	海洋可再生能源	风能	电力工业
		波浪能	
		潮汐能	
		潮流能	
		温差能	
		盐差能	
	海洋空间资源	沿海滩涂资源	渔业、旅游业、工业
		海洋运输空间	海洋运输
		海上生活与生产空间	海上生活与生产
		储藏与倾废空间	储藏与倾废
		海底军事基地	军事

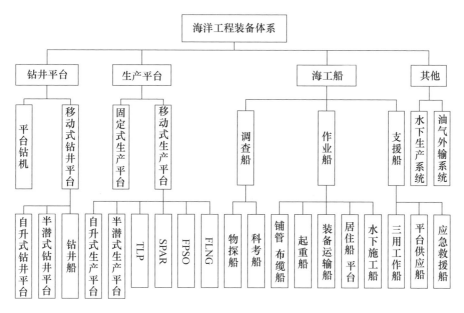

图 1　海洋工程装备体系

（二）世界海洋工程装备市场形势

1　上游运营市场总体形势

项目资本支出开始回暖。在经历 2020 年极具挑战的一年之后，2021 年以来随着油价的回升，上游的油气公司的盈利能力正在修复，推动海洋油气项目投资支出回升。据克拉克森统计，2021 年突破 800 亿美元，超过 2014 年油价暴跌后的 7 年间的平均水平，为海洋工程装备运营行业带来积极信号（图 2）。

装备租赁市场温和反弹。在作业需求增长的直接推动下，装备租赁市场实现温和回升。从装备新增租约数量来看，以钻井平台为例，2021 年，全球自升式钻井平台与浮式钻井平台新增租约数量之和达到 393 份，同比增长 68.7%，特别是浮式钻井装备租约数量随着原油价格的逐步回升实现明显增长（图 3）。自 2020 年 4 月油价暴跌后，浮式钻井平台新增租约数量连续多个月仅为个位数，2020 年年末以来国际油价开始回涨，浮式钻井平台月度新增租约数量重回两位数，2021 年累计新增租约数量也较2020 年

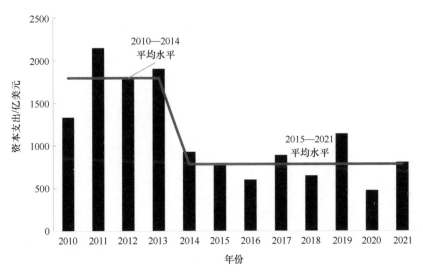

图 2 全球海洋油气项目资本支出情况（按 FID 时间）

数据来源：克拉克森，由中国船舶集团经济研究中心整理

图 3 2015—2021 年钻井平台每月租约数量变化

数据来源：克拉克森，由中国船舶集团经济研究中心整理

大幅增长 73.6%。从装备利用水平来看，目前钻井平台市场利用率达到79%，同比增加 6 个百分点，这主要是得益于钻井平台的市场供给量出现明显下滑，部分钻井平台被拆解或者改作他用，退出了钻井平台租赁市场的竞争（图 4）。另外，由于供需基本面尚未出现根本性好转，装备租金费

率整体仍处于历史低位水平，但受深水项目作业需求增长的刺激，浮式钻井平台日租金费率出现明显上扬，特别是超深水浮式钻井平台抬升幅度较为明显，2021 年 12 月日租金已经达到 233 000 美元/天，同比上涨 40.4%（图5）。海工辅助船方面，虽然整体租金水平仍低于 2014 年之前，但已较 2020 年同期出现一定幅度的回升，尤其是适用于深水项目作业需求的 240 吨系柱拉力的三用工作船（AHTS）和 4 000 载重吨的平台供应船（PSV）的日租金费率分别较 2020 年同期上涨 39.5% 和 58.1%（图6）。

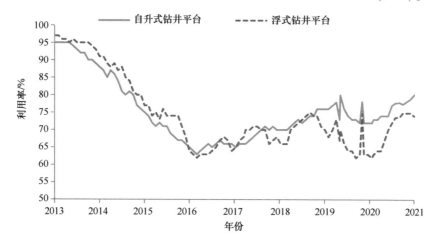

图 4　2014—2021 年全球钻井平台供给及市场利用情况

数据来源：克拉克森，由中国船舶集团经济研究中心整理

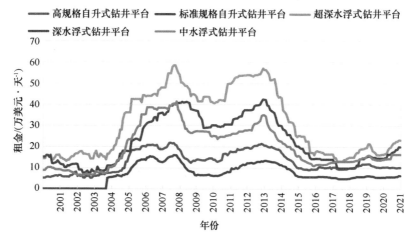

图 5　2001—2021 年全球钻井平台日租金变化情况

数据来源：克拉克森，由中国船舶集团经济研究中心整理

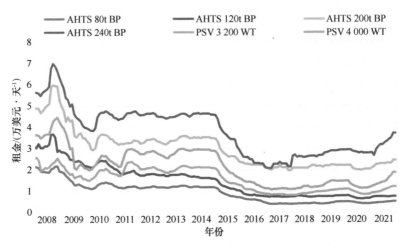

图 6 2008—2021 年全球海工辅助船日租金变化情况

数据来源：克拉克森，由中国船舶集团经济研究中心整理

装备运营商处境迎来转机。2020 年暴发的新冠肺炎疫情使得装备运营市场再度遭遇严峻考验，Diamond offshore、Noble Drilling、Valaris、Pacific Drilling、Seadrill 等一批装备运营商面对萎缩的市场需求和低迷的日租金水平，不得不采取合并重组、申请破产保护等行动。截至目前，Diamond offshore 结束了 Chapter 11 破产保护，消除了超过 20 亿美元的债务，获得了 6.3 亿美元的资本注入；Noble Drilling 完成了财务重组，消除了 34 亿美元的债务；Valaris 完成财务重组，消除了 71 亿美元债务，并通过发行 2028 年到期的 5.5 亿美元有担保债券，获得了 5.2 亿美元的资本注入；Pacific Drilling 完成债务重组，消除了 11 亿美元的未偿债务，与 Noble Drilling 进行了公司合并。Noble Corporation 又宣布将与 Maersk Drilling 合并，合并后的实体将拥有并运营一支现代化高端船队。由此看来，这些运营商在消减巨额债务以及优化船队结构后更有利于把握未来的市场发展机遇和增强自身竞争力。

2 装备建造市场总体形势

移动生产平台订单回升明显。进入 2021 年，新冠肺炎疫情已成为常态，在宏观经济与政策因素的加持下，全球石油需求逐步修复，原油价格也一路回涨。新冠肺炎疫情压制需求释放和油价脱离极低区间,推动移动生产平台订单相继敲定。2021年,全球共成交移动生产平台订单16份,同比增加1份,在6艘FPSO订单中有4艘将用于巴西国油Petrobras的项目开发;并且低资本支出的自升式生产平台也获得了开发商的关注,共有6份订单生成,较2020年增加2份(图7)。从合同金额来看,2021年移动生产平台的订单价值已经高出2020年73.1%。另外,值得注意的是,2021年韩国船企重新返回FPSO船体建造市场,巴西国油的Barossa FPSO和P79船体均将由韩国建造,而在2020年FPSO船体建造工作还都是由中国船厂承担。

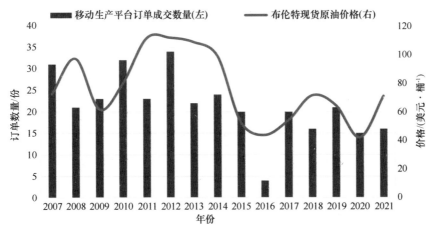

图7 全球移动生产平台订单和布伦特现货价格变化情况

数据来源:克拉克森,由中国船舶集团经济研究中心整理

风电相关装备需求持续释放。近年来,海上风电产业获得了迅猛发展和大规模开发。特别是我国在出现了海上风电的抢装潮之后,凸显了我国风电安装船等施工装备供给能力不足的问题。面对大量的海上风场的施工和运维作业需求,一批项目开发商或承包商开始订造专业的海上风电安装运维装备以及起重船等兼能从事海上风电施工的工程船舶。2021年,全球海上风电相关装备订单量达到56份,高出2020年全年15份,订单金额占海工装备总成交金额比重由2020年的36.4%提升至45.8%;海上风电专业装备订单量为37份,高出2020年全年13份,订单金额占海工装备总成交金额比重由2020年的23.1%增长到36.5%。另外,在中国对海上风电

施工装备的需求暴涨的影响下，成交的订单中有 4 座海上风电安装平台将由钻井平台改装而成。

装备完工交付水平正在修复。受益于上游市场的逐渐趋好，以及船东对于未来市场的信心增强，全球海洋工程装备的交付水平从 2020 年的打击中逐步回升。2021 年，全球共完工交付海洋工程装备 175 艘（座），同比增加 42 艘（座），已经脱离了历史底部位置。钻井平台方面，近几年来，经过各方的共同努力，原来在船厂积压的钻井平台实现交付运营或改作他用，2021 年 12 月份钻井平台的手持订单为 59 艘（座），较年初下降 10 艘（座）；海工辅助船方面，2021 年共交付 52 艘，已经超过了 2019 年和 2020 年的交付规模，很大程度上减轻了船厂发展的负担。

（三）世界海洋工程装备制造业竞争态势

海洋工程装备属于高投入、高风险产品，从事海洋工程装备建造企业须具有完善的研发机构、完备的建造设施、丰富的建造经验以及雄厚的资金实力。全球主要海洋工程装备建造商集中在欧洲、美国、新加坡及韩国等地区和国家。其中：美国、欧洲和新加坡以研发、建造深水和超深水高技术平台装备为核心；韩国海工装备建造则集中在三大船厂，以高价值量的浮式生产装备和钻井平台为主；新加坡海工企业主要有吉宝岸外与海事和胜科海事两大船厂，产品以自升式钻井平台和生产装备为主；中国船厂众多，产品种类最为齐全，从几千万美元的小型海工船到数十亿美元的生产平台均具备建造能力（表 2）。全球海洋工程装备制造业最早集中在欧美地区，之后逐渐向亚洲转移。从总装建造的角度来看，目前已经形成了中国、韩国、新加坡三足鼎立的局面，近 3 年三者包揽了全球 80% 以上的市场份额。

欧美国家是世界海洋油气资源开发的先行者，是世界海洋工程装备的发源地，也是海洋工程装备技术发展的引领者。随着世界制造业向亚洲国家转移，欧美企业逐渐退出了中低端海洋工程装备制造领域，但仍保留部分高端海洋工程装备制造业务，特别是在海洋工程装备设计、总包、核心配套系统制造方面依然占据垄断地位。在美国、挪威、荷兰等国家聚集着数量庞大的工程总包企业、设计企业、配套企业以及相关的金融服

表 2　世界海洋工程装备制造业总体竞争格局

区域	主要业务领域	主要装备及配套设备	主要总装及关键配套企业
欧美	技术力量雄厚，以高尖端海工产品和项目总承包为主	立柱式平台、大型综合性一体化模块及海底管道、钻采设备、水下设备、动力、电气、控制系统集成、智能硬件的产业链及创新服务	McDermott、KBR、SBM Offshore、Aker Solution、TechnipFMC、BW Offshore、Heerema、NOV、ABB、Siemens、GE 等
韩国	技术实力仅次于欧美，主要承担海洋工程装备总装建造，具备一定的总承包能力	钻井船、半潜式钻井平台、FPSO、FLNG、FSRU（浮式储存及再气化装置）	三星重工、现代重工、大宇造船海洋
新加坡		自升式、半潜式钻井平台、FPSO 新建和改装、FLNG改装、海洋工程船	吉宝岸外与海事、胜科海事
中国	从小型海工船到生产平台均具备建造能力	自升式钻井平台、半潜式钻井平台、FPSO、FSRU、海洋工程船等	中国船舶集团、中远海运重工、招商局重工、海油工程、振华重工、中集集团等

务企业①。此外，欧美企业也基本垄断着海洋工程装备的运输与安装、水下生产系统安装和深水铺管作业等，处于全球海洋工程装备产业链的顶端。目前，欧美企业仍是世界大多数海洋油气开发工程的总承包商，掌握着海洋油气开发方案设计、装备设计和油气田工程建设的主导权，为降低开发风险，他们通常会选择具有技术优势的欧美企业负责装备设计工作，在客观上增强了其技术的领先地位。欧美将延续在核心配套设备上的垄断优势。长期以来，欧美设计、欧美总包、欧美配套的状态和格局已经形成。对于我国而言，配套自主研发和推广应用之路较为坎坷。在短中期内，我国海洋油气装备水面、水下关键系统和设备基本依赖欧美国家的局面不会出现根本性改变。

---

① 如 NOV（美国）、ABB（瑞士）、Siemens（德国）、Huisman（荷兰）、Aker Solutions（挪威）等。

韩国进入海洋工程装备建造领域的模式与其进入造船领域的模式类似,以大规模、现代化的船坞与场地设施承担大型海洋工程装备的建造,起点高、发展速度快。20 世纪 80 年代,韩国船厂进入海工领域,设施比同期的欧美船厂设施先进。同时,韩国船厂迅速将设施方面的优势转变为建造效率方面的优势,逐渐成为大型海工项目总装建造的首选基地。与新加坡不同的是,20 世纪 90 年代,随着全球造船业向韩国转移,韩国船企在油船、LNG 运输船和集装箱船等大型船舶建造上积累了丰富的经验和足够的设施,为其向 FPSO、钻井船的建造提供了基础。

新加坡船舶海工企业基本上是以修船业务起家,20 世纪 60 年代,亚洲四小龙腾飞时期,新加坡利用其英语背景、法治环境、地区金融和航运中心等优势,承接了从欧美转移的海工装备制造产业,使其海工装备产业开始壮大。从修理、改装到建造,储备了深厚的技术和人才力量,完成了以钻井平台建造为主要业务的渐进式发展过程。新加坡企业利用现有的遍布全球的修船设施、船厂和人员,强调在发展钻井平台建设的同时,将高附加值平台的修理、改装以及升级作为重要业务补充。相较于韩国而言,新加坡企业多雇佣东南亚工人,这使其劳动力成本方面较韩国船企有一定优势;通过自主研发和对外引进两种途径,新加坡企业浮式平台的设计能力得到快速提升,也有利于其在设计、施工建造环节进行成本和周期控制。此外,新加坡企业以修船起家,修船和浮式生产平台项目都具有定制化特点,且在浮式生产平台改装领域有着丰富的经验,也有利于其控制成本和施工周期。市场地位方面,虽然近年来在自升式钻井平台领域受到来自中国企业的竞争压力,但是凭借在自主设计、管理水平、建造效率等方面的长期积累,依旧保持着一定的竞争优势。

中国船厂不断夯实总包能力基础,中国船厂已经成为 FPSO 建造和改装市场的主要力量,积极参与世界各地的 FPSO 招标项目。包括中远海运重工、外高桥造船、大船集团、中集来福士、招商局工业、海油工程等在内的中国船厂正在拓展 FPSO 项目的 EPCI(设计、采办、建造、安装)总包能力。2018—2020 年,中国船厂累计接获 FPSO 新建订单 8 份、FPSO 改装订单 6 份,占到全球 FPSO 建造合同总量的 60%。2020 年 5 月,由海油工程负责项目 EPCI 总包,武船集团北船重工负责船体部分的设计、采办和建造工作的"海洋石油119"号，满载排水量达19.5万吨，交付后将服役南海16-2油田群，作业水深可达420米。我国船厂设计、总承包能力欠缺，产业地位主动性不足。目前，我国浅海油气开发装备基本具备设计能力，半潜式钻井平台等深水装备初步具备概念设计能力，但更多的是进行后期生产设计工作。现有产品的概念设计基本上都来自国外，自主创新能力不强，核心技术研发能力较弱。深海油气装备建造存在较多空白领域，总体上目前我国企业仍以中低端装备为主，且以浅水装备居多，在TLP、SPAR、LNG-FSRU、LNG-FPSO等高端装备建造领域较为欠缺。

海洋工程装备产业国际竞争或将进一步加剧。尽管我国海洋工程装备产业发展迅猛，与韩国、新加坡的差距在逐步缩小，但是韩国在钻井船、FPSO、FLNG、FSRU等高价值装备的总装建造及总承包建造等方面优势非常明显，而新加坡在自升式钻井平台、FPSO改装、FLNG改装等产品的建造效率、质量、成本控制等方面的能力也非常突出。此外，阿联酋、印度尼西亚、马来西亚、巴西等国家的海洋工程装备建造业在本国海洋油气勘探开发推动下，自升式钻井平台、海洋工程船甚至生产平台的建造能力和技术水平持续提升，部分海上油气资源国也在加大海工装备自主能力建设。完备的产业链、价值链日益成为国际竞争的关键。特别是对于我国而言，在项目总承包经验欠缺，基本设计能力薄弱，关键核心设备受制于人，而劳动力成本比较优势逐渐消失的背景下，亟须统筹整合国内相关力量和引进国际先进人才，组织开展核心关键系统和设备的技术攻关，提升自主配套能力和基本设计能力，加快补齐产业链、价值链短板弱项，促进采购成本的降低和项目管理能力的提高，整体提升我国海洋工程装备产业的国际竞争力。

全球高端船舶与海洋工程产业呈现欧美国家主导基本设计、核心配套及海上作业服务，亚洲国家主要开展总装建造的总体格局。美国、法国、挪威、荷兰、韩国、日本、新加坡、中国等国家在世界高端船舶与海洋工程产业中占据重要地位，形成了美国休斯敦、挪威奥斯陆、日本长崎、韩国蔚山等世界著名的高端船舶与海洋工程产业集群。欧美国家发展海洋工程装备起步早。由于优越的地理环境以及投资条件，美国、挪威、瑞典、荷兰等国家一批设计公司和制造公司实现了快速崛起，从而形成了油气开发总承包、装备设计制造、配套设备系统集成和设备制造完整的海工装备产业链。在此基础上，一些地区的海工装备产业集群也渐渐形成并逐步发展壮大，这是欧美海洋工程装备和技术快速发展的主要原因。

二、广东省海洋工程装备产业发展概况

（一）广东省海洋工程装备产业发展现状

1 产业发展的意义

海洋工程装备是推进广东省供给侧结构性改革，带动粤港澳大湾区海洋经济发展的重要内容。国务院在批复《广东海洋经济综合试验区发展规划》中明确作出将广东省建设成为我国提升海洋经济国际竞争力的核心区和促进海洋科技创新成果高效转化的集聚区的重要部署。海洋产业结构层次的高度及布局决定着海洋经济整体质量和实力，也决定着能否实现快速稳定发展。相比于其他省份，广东省海洋工程装备制造基础薄弱，高新技术发展起步较晚，与深海资源开发紧迫的形势不相适应。海洋工程装备具有整体技术含量高、发展潜力大、带动性和战略性强等特点，在海洋战略性新兴产业中不可或缺，已是现代海洋产业体系建设补短板亟须解决的焦点问题。通过大力发展海洋工程装备产业，形成较完整的科研开发、装备制造、运营服务等产业链，深入参与全球深海资源开发利用以及国际海洋装备市场的竞争，提高海洋产业综合竞争力，带动海洋相关产业长足发展，成为海洋经济新的重要增长点和支柱产业。

打造海洋工程装备制造产业集群是广东省培育壮大海洋新兴产业，构建具有国际竞争力的现代海洋产业体系的重要举措。根据《广东省海洋经济发展"十四五"规划》，广东省将紧紧围绕海洋经济高质量发展，发挥区位与资源禀赋优势，以打造海洋产业集群为抓手，构建具有国际竞争力的现代海洋产业体系，构筑广东产业体系新支柱。打造海洋工程装备制造产业集群。增强高端海工装备研发、设计和建造能力，加快向中高端海工产品和项目总承包转型，加快形成产值超千亿元海洋工程装备制造产业集群。突破多功能潜水器、深海传感器、深海矿产资源探测、海上智能集群探测系统、海洋智能监测等关键技术。支持新技术、新材料在海洋装备领域的示范应用。促进产品结构优化调整，重点发展综合物探船、油气管道铺设船、海上油气储运设施、海洋钻采设备等深海油气资源勘探开发装备，加快发展应用于海上风电场建设与运维、深远海大型养殖、深远海采矿、海水淡化、海上旅游休闲等场景的新型海洋工程装备。培育具备国际竞争力的行业领军海工企业，推进海工自主品牌产品开发和产业化。推动高端海洋装备核心配套产业国产化，发展海洋装备安全保障和智能运维技术。支持海工专业软件、特殊材料、高可靠元器件、极端环境适用和智能控制等"卡脖子"技术与装备的技术攻关。

海洋工程装备制造产业集群是广东省培育发展的战略性新兴产业集群之一。根据《广东省人民政府关于培育发展战略性支柱产业集群和战略性新兴产业集群的意见》，广东省把高端装备制造产业列为十大战略新兴产业集群之一，重点发展高端数控机床、航空装备、卫星及应用、轨道交通装备、海洋工程装备等产业，推动集群企业与科研单位、用户单位协同创新，着力突破机床整机及高速高精、多轴联动等产业发展瓶颈和短板。将广州、深圳、珠海、佛山、东莞、中山、江门、阳江等地打造成为主导产业突出的全国高端装备制造重要基地。

2 产业发展基本情况

作为毗邻南海的主要省份，广东在海洋资源开发方面具有一定的基础和历史渊源，同时在海洋工程装备上具有广阔的需求。1979 年，中国开始允许外国石油公司在南海进行勘探开发。1982 年 3 月，国务院批准在赤湾建设中国第一座海洋石油后勤基地，赤湾港区拥有 7 个石油工作泊位，27 万平方米堆场和各种专业仓库，并在 1988 年建成了我国第一个深水海上平台导管架制造场。2014 年 8 月，广东省与工信部共同启动了珠江西岸先进装备制造产业带建设，为广东省高起点发展海洋工程装备打下了良好的基础。

广东省珠三角是我国三大造船基地之一。2019 年，广东省拥有规模以上船舶制造企业共 74 家，主要分布在广州、深圳、中山、江门、东莞、珠海等 6 市，年产值占全省的 95%左右。

总装建造企业方面，广东省当前活跃的海工建造企业共有13家，其中黄埔文冲、招商局重工（深圳）、广船国际、广东中远海运重工和广州航通船业为主要的海工建造企业。另外，黄埔文冲、招商局重工（深圳）、广东中远海运重工、广州航通船业均为央企二级或三级子公司，而广新海事重工为新加坡 GMG MARINE SINGAPOREP 参股（股份占比为5.33%）的中外合资公司（表3）。

表3　广东省主要海工建造企业及科研院所情况

企业名称	主要海工产品
黄埔文冲	自升式钻井平台、风电安装船、PSV、AHTS、油田环保船、调查船等
招商局重工（深圳）	FPSO、自升式钻井平台、风电安装船、半潜船、潜水支持船等
广东中远海运重工	FPSO、风电安装船、PSV
广船国际	半潜船、科考船、海工居住船、极地船、深海养殖装备、海洋牧场、海上风电桩业务、LNG 加注船、FPSO、海工改装修造业务等
广新海事重工	PSV、AHTS、ROV 支持船等
广州航通船业	PSV、AHTS、多用途船等
广州顺海造船厂	AHTS、PSV、维修船、潜水支持船、工作船
广东粤新海工装备	起重驳船、AHTS、AHT、PSV、多用途支持船、维修工作船
海洋工程总装研发设计国家工程实验室（深圳）	海工装备水下结构海生物清理与检测机器人、海工装备修改造作业人员安全定位系统、立管与锚泊系统动态监测系统
江龙船艇	军警巡逻船艇、公务执法船艇、旅游休闲船艇、特种作业船艇（含消防船、风电运维船、拖轮等）
中山大学	船载吊机设计优化、升沉补偿系统、海洋工程数值分析软件、海洋平台设计、浮式风电设计、结构力学性能测试、水下生产系统、海上钻井、风电桩基冲刷分析与防护技术、ROV、声学探测
磐索地勘科技（广州）有限公司	涌浪补偿海洋钻探系统、海底钻探系统、海洋原位测试装备、多功能海底取样装备
广东精铟海洋工程股份有限公司	海工平台全系列升降设备、风电安装平台、深海养殖装备、海水提升设备、勘探运维平台、运维艇、测风塔平台、海上施工服务等

科研院所方面，主要包括南方海洋科学与工程广东省实验室和广州船舶

及海洋工程设计研究院。广船院自20世纪80年代与挪威合资建立广州NPC海洋工程公司以来，引进国外海洋工程技术及管理经验，形成了完备的海上浮式、自升式、固定式作业平台研究设计体系。南方海洋科学与工程广东省实验室结合湛江海洋基础优势与面向南海的地域优势，围绕国家海洋强国发展战略，聚焦海洋装备、海洋能源、海洋生物等领域，重点突出深海装备、海洋牧场和军民融合等方向，着重开展应用基础研究、应用开发研究，重点解决拉动广东（湛江）海洋产业发展的重大科学问题，突破核心关键技术，布局系列海洋功能研究中心、大型科学装置、公共服务平台等。

高校方面，广东省设有涉海专业的高校4所，为海洋科技和产业发展提供了充足的高端科技人才和技术支持。中山大学旗下的"中山大学"号是目前国内设计排水量最大、综合科考性能最强的海洋综合科考实习船，兼具探测、取样、实验等多项科研功能。

海工配套企业方面，广东省的海工配套企业主要有中船华南船机广州公司、广东精铟海工等，但广东省海工配套产业发展水平属于起步阶段，建造技术和设计能力与欧、美、日、韩等差距明显。

产业集群方面，广东是我国改革开放先行地，也是我国海洋经济参与全球化竞争的主要区域。2020年海洋生产总值1.72万亿元，连续26年居全国首位，占全国海洋生产总值约五分之一，占全省生产总值的15.57%。广东省高端船舶与海洋工程装备产业发展借助资源优势与区位优势，发展非常迅速，产业体系趋于完善，外向型经济优势特别明显，产业辐射能力突出，初步形成了珠三角、粤东、粤西三大海洋经济区临海工业集群。在珠三角地区，逐步形成了以广州、深圳、珠海、中山等为代表的四大聚集性船舶工业发展基地。广州，聚集了广船国际、黄埔文冲、广州中船文冲船坞、广东新船重工、粤新海洋工程公司等大型央企、国企和民企，形成龙穴修造船基地等大型船舶基地；深圳，集中了招商重工、友联船厂、中集集团等海工装备龙头企业，形成规模超100亿元的海工装备企业集群，其位于珠江入海口的孖洲岛修造船基地，以招商局重工（深圳）和友联船厂（蛇口）为龙头，年产值达数十亿元；珠海，作为国家实施南海战略的重要支点，形成以高栏港经济区为主体的"珠海海洋工程装备产业基地"（"广东省战略性新兴产业基地"），聚集中海油、三一重工、太平洋海工、玉柴船舶动力产业链的重要企业，形成海上石油开发、深海水下装备制造、海洋工程船舶制造、船用低速机等产业集群。在粤西地区，以阳江为核心的海上风电产业集群已初具雏形：落户风电装备制造项目21个，总投资近200亿元，年产值超300亿元；同步构建海上风电装备出运和运维母港，国家海上风电装备质量监督检验中心，海上风电技术创新中心，海上风电大数据中心，海上风电运营维护中心等"一港四中心"全产业链生态体系；成立海上风电学院。在粤东地区，正在形成以汕头和汕尾为代表的海上风电开发产业集群。汕头，总投资50亿元的汕头大唐勒门I海上风电项目开工建设；汕尾，陆丰海工基地产业园区完成投资43.2亿元，智能汕尾海上高端装备制造基地投产，聚集了明阳风电、中天海缆、天能重工等多家风电企业投资投产。

产业政策方面，《广东省海洋经济发展"十四五"规划》提出，打造海洋工程装备制造产业集群是广东省培育壮大海洋新兴产业，构建具有国际竞争力的现代海洋产业体系的重要举措。《广东省人民政府关于培育发展战略性支柱产业集群和战略性新兴产业集群的意见》提出，将高端装备制造产业列为十大战略新兴产业集群之一，重点发展高端数控机床、航空装备、卫星及应用、轨道交通装备、海洋工程装备等产业。在天然气水合物方面，广东省提出了《广东省培育新能源战略性新兴产业集群行动计划（2021—2025年）》，将天然气及其水合物列为重点攻关技术领域，重点推进高温高压深水领域气田勘探开发技术，高精度勘查及原位探测技术，高效开采的多井型钻完井技术，储层改造增产技术，以及运输储存、安全环保开采等关键技术攻关。《广东省制造业高质量发展"十四五"规划》提出，高端装备制造是广东省十大战略性新兴产业之一，要以服务国家战略需求为导向，加快建设珠江西岸先进装备制造产业带，重点发展包括海洋工程装备在内的高端装备制造产业；突破海上浮式风电、海洋可燃冰开采、海上风电机组、波浪能发电装置、深海油气生产平台等海洋工程装备研制应用。

3 生产经营情况

2021年以来，广东省海工企业承接的海工装备订单共6艘（座），包括

2 艘风电安装船、2 艘居住船、1 艘综合科考船和 1 艘海洋科考船（表 4）。

表 4 2021 年以来海洋工程装备订单明细

船名	船型	船厂	船东	交付年份
Bai He Tan	风电安装船	黄埔文冲	三峡集团	2022
IWS Skywalker	居住船	招商局重工（深圳）	IWS Fleet	2023
Kan Tan II	风电安装船	文冲修造	中石化海洋石油工程有限公司上海钻井分公司	2022
N/B GSI Nansha	综合科考船	广船国际	广东智能无人系统研究院	2024
N/B GSI Nansha	海洋科考船	广船国际	自然资源部北海局	2024
N/B IWS Fleet 2/2	居住船	招商局重工（深圳）	IWS Fleet	2023

2021 年以来，广东省海工企业共完工交付 11 艘（座）海工装备，其中包括 7 艘三用工作船、2 艘平台供应船、1 艘半潜船和 1 艘起重船；目前手持订单包括 55 艘海工船。

海工装备产值方面，据中国船舶工业协会统计，2020 年招商局重工（深圳）和黄埔文冲海工装备产值分别为 3.1 亿元和 9.6 亿元，分别同比下降 53.7% 和 15.8%。

4 与国内其他地区对标

承建产品方面，广东省海工企业在平台供应船、三用工作船、潜水支持船、科考船、ROV 支持船、风电安装船、FPSO 新建和改装等产品建造业绩较为突出。江苏省除了承建平台供应船、三用工作船、起重船、自升式钻井平台等产品外，还可承建 FLNG 和 3000T 大型风电安装船。

从客户来源来看，广东省海工企业接获的海外订单数量（以艘、座计）占总订单量的 83%，同期江苏省海工企业海外订单占比为 82%。

产值方面，2020 年广东省海工装备企业产值共计 12.7 亿元，江苏海工装备企业产值为 86.5 亿元（表 5）。

表 5   广州和江苏海工装备企业对标情况

省份	海工装备企业	产值/亿元	总计/亿元
广东	招商局重工（深圳）有限公司	3.1	12.7
	中船黄埔文冲有限公司	9.6	
江苏	招商局重工（江苏）有限公司	32.6	86.5
	惠生（南通）重工有限公司	22.1	
	启东中远海运海洋工程有限公司	14.3	
	南通润邦海洋工程装备有限公司	9.6	
	南通中远海运船务有限公司	7.9	

　　科研能力建设方面，广东省的南方海洋科学与工程广东省实验室（湛江），是省委省政府第二批启动建设的广东省实验室之一，主要依托中国船舶集团有限公司、中国海洋石油集团有限公司、广东海洋大学和广东医科大学等单位共同建设。实验室结合湛江海洋基础优势与面向南海的地域优势，围绕国家海洋强国发展战略，聚焦海洋装备、海洋能源、海洋生物等领域，重点突出深海装备、海洋牧场和军民融合等方向，着重开展应用基础研究、应用开发研究，重点解决拉动广东（湛江）海洋产业发展的重大科学问题，突破核心关键技术，布局系列海洋功能研究中心、大型科学装置、公共服务平台等。江苏省的深海技术科学太湖实验室，是中国船舶集团、江苏省、无锡市深入贯彻落实党中央实施创新驱动发展战略，建设海洋强国重大部署和习近平总书记建设国家实验室重要指示，瞄准国家"十四五"规划深海前沿领域战略需求和地方发展需求，以建立深海技术科学国家战略力量、建成国家实验室为目标，统筹实施重大战略任务的创新载体。近期深海技术科学太湖实验室与华为技术有限公司联合打造"船海数据智能应用联合创新实验室"，简称联创实验室。联创实验室针对船舶与海洋领域数据治理、智能化试验室、船舶智能技术工程化应用等方向的核心技术开展联创研究，瞄准船舶智能技术工程化应用技术方向和船舶海洋数据智能应用，完成相关智能设备系统研制、船海智能化提升。

（二）广东省海洋工程装备产业发展优势

1 产品研发方面

广东省骨干企业加大技术创新和攻关力度，不断提高产品研发能力，国际竞争力明显增强。黄埔文冲国内首艘 2 000 吨自升自航式海上风电安装平台开工，船长约 126 米，船宽约 50 米，型深约 10 米，拥有先进的设计和强劲灵活的动力；具有 DP-2 级动力定位能力；采用全电力驱动全回转推进；配有 4 套升降系统，1 台 2 000 吨全回转起重机及 1 台 200 吨辅助起重机，起吊高度达到了水面以上 170 米；可用于 10 兆瓦及以上海上风电机组安装，是我国目前在建的第一艘满足未来深远海、大容量、一体化施工作业要求的自航自升式风电安装平台。广船国际与广东智能无人系统研究院在南沙签订 1 艘海洋综合科学考察船建造采购合同，合同金额 3.41 亿元，该船最大作业排水量超万吨，建成后将成为国内排水量最大、性能最强的海洋综合科学考察船。广州文冲船舶修造有限公司承接海工领域的改装、修造业务，主要合作公司有 SBM 公司、中海油、中石化、中海油服等，近 10 年来，先后承接并交付了 FPSO、FSO（浮式储卸油船）、半潜式海洋平台、自升式钻井平台等改装修造工程。广东中远海运重工有限公司承建的多用途应急救援船是目前国内最先进，达到世界先进水平的多用途海上救援船。广州船舶及海洋工程设计研究院和阳江海上风电实验室签订广东阳江海域高速双体风电运维船设计合同，这是阳江海上风电实验室首艘用于基础科学、海洋资源与环境探测、阳江海上风电后期运维打造的综合功能型运维平台，是国内首次在海上风场领域探索实现太阳能光伏发电、无人操纵的绿色智能风电运维船，为阳江打造成世界级海上风电清洁能源研发创新基地提供了海上装备保障。

2 科技创新方面

新一轮科技革命和产业变革正在孕育兴起，全球科技创新呈现出新的发展态势和特征，新技术替代旧技术、智能型技术替代劳动密集型技术趋势明显。广东省有关企业和机关单位积极把握新趋势、新方向、新需求，主动作为，科技创新取得较大进步。其中，中船黄埔文冲船舶有限公司打造船舶行业首个工业互联网平台"船海智云"，为船舶产业链企业提供设备物联、协同制造等专业工业应用，并为区域中小企业提供供需对接等多样化平台服务。广船国际有限公司设计建造的半潜船系列与其他船东目前拥有的半潜船相比，具有适货性广、装卸货方式多等特点，其先进技术装备不仅是亚洲独有，也是目前全球最先进的大型海上工程设备专业运输船舶。广州文冲船舶修造有限公司参与并完成了国家重点深海科考项目"探索一号"的二期船改科研活动。中集集团联合中海油、中石油、中兴通讯等十余家海洋和电子信息领域的龙头单位共同成立了深圳市智能海洋工程制造业创新中心，打造政产学研相结合的创新生态体系。广东省科学院与珠海市政府共建的广东省海洋工程装备技术研究所已开展的水下无人潜航器平台项目技术水平处于国内领先地位。

智能化海工装备研发取得新进展。中国船级社上海规范研究所与南方海洋科学与工程广东省实验室（珠海）签署了智能型支持母船技术合作协议。智能型支持母船是南方海洋实验室打造的首个为智能快速机动海洋立体观测系统提供水面支持、协同控制的智能船舶平台。中船黄埔文冲船舶有限公司与南方海洋科学与工程广东省实验室（珠海）签订了智能型无人系统支持母船设计建造合同。该船可搭载转运及布放多种类、批量化的空、海、潜立体探测无人系统。母船在目标海区批量化布放无人系统，可面向任务自适应组网，实现对特定目标的立体动态观测。

（三）广东省海洋工程装备产业发展问题

1 产品结构总体相对低端

近年来，船舶工业发展形势低迷，广东省船舶企业开始借助海洋工程装备实现产业转型，加快了海洋工程装备基地建设步伐。但是，由于核心技术滞后、专业人才匮乏以及配套支撑不匹配，导致浅水和低端深水装备领域成为海工产品竞争的主阵地。目前，广东省海工产品主要集中在自升式钻井平台和中小型海工辅助船等价值量相对较低的领域，高端产品承接能力较弱。其中：FPSO、大型海工勘查船等高端产品虽然实现接单建造，但国际市场竞争力仍相对较弱；半潜式钻井平台、高端钻井船、大型

20

FLNG 等高端产品仍然空白。

2 研发设计和创新能力薄弱

技术作为企业生存和发展的基本前提，在海洋工程装备产业发展中起了无可替代的作用。随着经济全球化的发展，企业面临激烈的国际竞争，只有通过技术创新，不断提高产品的科技含量，才能实现产品质的飞跃，从而提高其国际竞争力。一方面，当前广东省建造的绝大多数海工装备均采用国外设计，"自主设计"多指详细设计和生产设计，对创新能力要求较高的概念设计和基础设计能力较弱，未能设计研发出具有市场引领性的技术和装备，真正拥有自主知识产权的装备极少；另一方面，基础共性技术是决定产业发展的重要因素，广东省海洋工程装备产业发展起步相对较晚，在海工装备设计建造所需的基础共性技术方面研究积累不足，特别是在前瞻性技术研究和非油气开发装备技术研究方面比较落后，使得广东省海洋工程装备产业的发展缺乏足够的原动力，制约自主创新能力的发展。

3 海工装备配套能力薄弱

海洋工程装备所需的配套装备规格种类较多、技术含量高、研发困难，海上作业的环境对配套装备的材料、精度、寿命、可靠性、环境适应性，以及维护、防漏油，甚至免维护等提出了更高要求。目前，国外供应商基本垄断了专利技术多、附加值高的高端配套设备。配套设备和系统是海工装备的核心价值所在，也是产业附加值提升的重要方向，海洋工程装备制造领域大部分的造价集中在各种配套设备，配套设备在价值链中占比高达 55%，最早发展海工装备制造业的欧美国家虽然已经退出总装建造领域，但是仍保留着海工核心配套与系统的研发制造业务。广东省具备一定的海工装备总装建造能力，但目前省内没有具备国际竞争力的骨干海工配套企业，配套业的发展滞后于总装建造业的发展。

4 区域发展不平衡

海洋资源的配置利用不尽合理，造成了海洋资源利用与海洋经济发展的地区差距非常大。珠三角地区发展迅速，船舶与海洋工程装备产业集群的种类、数量均居全省之首，在全国也有较高地位。但发展快、规模聚集的同时，也存在着层次不高、高端产业和新兴产业集群不足的问题；粤东、粤西地区，由于经济基础薄弱，基础设施建设不完备，船舶工业基础较差，高端船舶与海洋工程装备产业集群发展进程较为缓慢。

5 集群定位不够清晰

通过分析广东省各地区的船舶与海洋工程装备产业发展现状及海洋产业发展规划来看，存在着求大、求全的现象。一方面，导致各区域的高端船舶与海洋工程装备产业集群定位不够清晰，缺乏因地制宜的导向。另一方面，省内各地区，甚至珠三角地区、粤西粤东地区内部也存在着重复建设的现象，导致各区域的高端船舶与海洋工程装备产业集群发展方向不明确，内部竞争时有发生。

6 配套政策措施较少

虽然广东省内大部分沿海城市也都制定了各自的海洋经济产业规划，但真正促进产业规划实施的配套政策措施较少，有些政策没有真正落实到位，不能充分体现规划对集群发展的引导作用。部分地方政府重视产业集群的"面子工程"，但忽视后续建设。

7 资源环境约束日益突出

广东省内现有的船舶海工产业发展过于依赖资源密集和劳动密集的传统、粗放发展模式，面临着土地、环境、资源的严重制约，产业发展对土地集约工作不够重视，单位土地面积产出率不高，环境约束日益显现；其次，当前海洋环境保护问题严峻、规范标准日益严苛，环境问题或将成为临港工业发展的桎梏，为地区招商引资带来诸多困难，如何正确处理好海洋环境保护与高端船舶与海洋工程装备产业发展的关系是当前也是未来相当长一段时间内的关键课题。

（四）新冠肺炎疫情对广东省海洋工程装备产业发展的影响

国内外宏观形势充满危机。新冠肺炎疫情暴发以来，国内外经济、贸易、产业链等方面均遭受严重冲击。世界经济严重衰退，产业链、供应链循环受阻，国际贸易投资萎缩，大宗商品市场动荡。国内消费、投资、出口下滑，就业压力显著加大，企业特别是中小微企业困难凸显，金融等领域风险有所积聚，基层财政收支矛盾加剧。

受新冠肺炎疫情影响，广东省部分海工装备建造、修理及改装项目存在无法及时进厂，船员、国外配套设施服务人员需要较长时间隔离期等问题，导致船东转而投奔新加坡、马来西亚等没有隔离政策的国家；其次，受新冠肺炎疫情影响，全球港口拥堵依然严峻，全球物流低速运转，海工装备建造企业配套设备存在不及时到货的情况，造成生产进度不可控。

三、广东省海洋工程装备产业发展规划与前景预测

（一）全球海工市场前景

油价短期内或将高位波动。俄乌爆发冲突之后，国际原油价格飞涨，布伦特原油现货价格一度攀升至 133.18 美元/桶，较年初上涨 70.2%。从供给侧来看，欧佩克将继续维持适度增产政策；美国原油库存水平处于历史低位，页岩油短时间内增产能力有限；随着美国对俄罗斯制裁不断升级，俄罗斯石油出口受到影响，市场担忧全球原油供应短缺，特别是欧洲对俄罗斯能源依赖度极高，俄罗斯油气出口受限将严重扰乱欧洲乃至全球油气市场供给，推升国际油价。从需求侧来看，全球经济恢复发展面临的不确定性和阻力增多，国际能源署和欧佩克等均下调 2022 年全球石油需求增速。由此来看，全球原油需求偏弱，但是供给风险较高，原油价格总体将维持高位波动态势。

钻井平台市场复苏基础继续夯实。距离 2014 年油价断崖式下跌已经过去近 8 年，需求萎缩、租金低迷令巨量装备资产赋闲，积压的钻井装备无法实现交付。并且，过去几年，不足 70% 的装备利用率令运营商持续处于重压之下，新建需求更是极度匮乏。面对供给过剩的局面，市场中闲置以及缺乏竞争力的钻井装备被送去拆解或者改作他用。据统计，2015—2021 年累计拆解钻井平台 271 艘（座），年均拆解 39 艘（座），累计改出

钻井平台 47 艘（座），年均改出近 7 艘（座），钻井平台船队供给规模逐步得到控制。从需求侧来说，随着油价的逐步回升，在中东、亚洲地区国有石油公司对自升式钻井平台作业需求和挪威、巴西、西非等国家和地区对于浮式钻井装备作业需求的支撑下，2022 年的钻井装备作业需求将在 2021 年的基础上进一步提高，钻井装备的市场利用率有望突破 80%，不断向行业健康水平逼近，不仅能为仍未实现交付运营的库存装备提供重要机会，同时也能为新建市场带来一点点希望。

移动生产平台继续扮演重要角色。全球能源消费清洁化转型势不可挡，但主流机构对油气等化石能源需求达峰的时间预测不一，各国双碳目标的时间表也不尽相同。海洋油气项目开发商在社会责任、股东利益、投资回收期限等多重压力下对项目资本支出控制愈加严格。基于此，那些投资回收期短、收益丰厚的深水项目将受到更多关注，也是未来短中期内重要的油气产量增长点。并且，2021 年以来，国际原油价格逐步回升，已经明显高于巴西、圭亚那等一批深水项目开发的盈亏平衡成本，前期因新冠肺炎疫情延迟的 Limbayong、North Platte、Bay du Nord 等项目也重启 FEED 进程。根据 EMA 预测，2022—2023 年全球可能授出合同的海上油气生产装备项目约 50 项，以 FPSO 为主，也包括一定的 FSRU、FLNG、半潜式生产平台。

海工辅助船市场压力正在减轻。新冠肺炎疫情令本已不堪重负的海工辅助船运营商面临着巨大的财务压力，债务重组中也伴随着船队的优化整合，特别是 2021 年拆船价格持续高位，海工辅助船拆解活动有所提速，2021 年共有 82 艘被送拆，高于 2018 年和 2019 年拆解水平。另外，值得关注的是，市场中有大批量的海工辅助船已经封存数年，很难重新投入市场运营，由此来看，船队供给过剩的压力正在减缓。从需求侧来说，当前船队的闲置规模已经处于 2017 年以来的最低水平，未来油气勘探开发活动修复性回升将推动海工辅助船作业需求的增长，并且海上风电建设项目投资的不断加码也增加对海工辅助船的需求。总的来说，海工辅助船的市场利用水平将继续改善，新造市场则仍受船厂库存装备处置的压力难以形成规模化订单需求。

（二）广东省海洋工程装备技术发展方向

1 绿色化

"绿色"主要是指工程对"环保、能效、安全、舒适"等方面的综合考量。"绿色"现已成为行业内最大的热门话题和机遇挑战，进入 21 世纪以来，国际海事界的环保意识越来越强，国际海事组织（IMO）先后出台了一系列涉及减少和控制船舶污染的国际公约。相关公约对新船能效设计指数（EEDI）、涂层性能标准、压载水管理、硫氧化物及氮氧化物排放等方面均做了明确要求。随着新公约、新规则的相继实施，国际海事的环保要求也提高到一个新层次，要求造船业更多建造绿色环保型装备。标准的提高必然带来技术的更新，目前，欧盟、日本、韩国为了巩固其技术优势，纷纷开展绿色环保船型研发，同时其技术的发展进一步推动技术标准的提升，建立绿色技术壁垒的趋势日益明显。

2 智能化

电子技术、信息技术和物联网技术的飞速发展，带动了海洋工程装备自动化控制系统朝着分布型、网络型、智能型系统方向推进，实现智能控制、卫星通信导航、船岸信息直接交流等目标。由于海上作业的特殊性，诸如海水腐蚀、振动、外界环境气候、高精度测量、高防爆要求等，使对测控系统的要求越来越高，尤其是在一些海上石油钻井平台上，自动化、智能化装备更受欢迎。

3 深远化

人类走向深海和远海的步伐逐渐加快，相应的海上装备也呈现深远化的发展趋势。随着海洋科学的不断发展，各国海洋科学考察活动不断向深海领域推进，深海潜器作业深度不断增加。与此同时，美国、英国、俄罗斯等国均已提出深海空间站的构想。随着海上油气开采从浅海向深海扩展，深水油气田的开发规模和水深不断增加，深水海洋工程技术和装备飞速发展，人类开发海洋资源的进程不断加快，深水已经成为世界石油工业的主要增长点。国际上有数家著名的公司正注重于深水海洋工程船舶、深水潜器等作业技术的探索和研究，适应深远海支持和作业的海洋工程船和深水水下装备将成为未来需求的重点。

(三) 广东省海洋工程装备产业发展路径及布局

目前来看，广东省发展高端船舶与海洋工程装备产业仍然存在行业龙头企业全球影响力有待提高、缺乏具有垄断竞争能力的产品、在全球产业链体系中处于中下游、关键核心技术创新策源能力不足、产业链比较成本竞争优势有所弱化等问题。因此，广东省发展高端船舶与海洋工程装备产业必须立足现实，扬长避短，抓住政策利好、科技革命和产业变革机遇，力争在产业链关键环节实现突破，带动产业链整体转型升级。

1 发展路径

以习近平新时代中国特色社会主义思想为指导，全面贯彻党的十九大和十九届历次全会精神，立足新发展阶段，贯彻新发展理念，构建新发展格局，紧紧围绕海洋强国战略、交通强国战略、制造强国战略和海军装备现代化建设需求，结合船舶海工装备产业发展基础，紧抓粤港澳大湾区和深圳中国特色社会主义先行示范区建设重大机遇，坚决落实国家及广东省相关政策要求，持续完善政策举措，强化产业链关键环节自主可控，培育一批具有全球竞争力的领军企业，打造全球船舶海工装备产品知名品牌，优化调整船舶海工装备产业整体布局，持续推动船舶海工装备产业集群转型升级。

2 整体布局

深入贯彻粤港澳大湾区和深圳中国特色社会主义先行示范区建设战略部署，强化"一核一带一区"区域发展格局空间响应，推动广东省高端船舶与海洋工程装备产业整体布局优化调整，聚焦高端转型，淘汰落后产能，集中力量在广州、深圳打造领军型船舶与海工总装建造企业，以大型企业为龙头，推动产业链上下游深度合作。充分发挥珠海、佛山、东莞、中山、阳江等地现有配套企业集聚优势，打造配套骨干企业及"隐形冠军"企业，适时适度推进相关总装及配套企业"退城上岛、退城入园"，提高产业集聚度。充分利用广东省电子信息产业优势及粤港澳创新资源，推动船舶与海洋工程装备产业新业态、新模式。进一步促进传统及新兴生产要素高效集聚，形成从研发、设计、制造、营销、售后服务到物流、金融等环节高度融合、高效互动的全产业链布局，真正打造服务全国、辐射全球的有持续竞争力的世界级高端船舶与海洋工程装备产业集群。

四、广东省海洋工程装备产业发展建议

基于《广东省国民经济和社会发展第十四个五年规划和 2035 年远景目标纲要》《广东省海洋经济发展"十四五"规划》《广东省人民政府关于培育发展战略性支柱产业集群和战略性新兴产业集群的意见》《广东省制造业高质量发展"十四五"规划》和《广东省培育新能源战略性新兴产业集群行动计划（2021—2025 年）》等政策目标和要求，结合广东省船舶及海洋工程装备产业发展现状及未来发展趋势，提出对广东省发展高端船舶与海洋工程装备产业发展的建议。

（一）完善政策制度体系，创造海洋工程装备产业发展良好外部环境

广东海洋工程装备产业的发展，需要政府创造良好的外部环境，包括法律环境和市场环境。持续完善相关法律和制度设计，如科技发展政策、知识产权保护、鼓励企业发展的优惠政策等。要充分注重发挥市场和企业的作用，在促进海洋工程装备产业发展的过程中以企业为主体，调动市场活力，推动产业集聚。从激励自主创新、转型升级、鼓励发展新业态等角度，针对产业的具体特征，制定一套能够指导、牵引、激励、约束、监督、调配海洋工程装备产业发展的政策，形成能够延长产业链和促进产业结构优化升级的政策手段。要进一步健全知识产权保护法律体系，维护科技创新的积极性，为实现关键核心技术和高端技术的突破创造条件。

（二）发挥市场和政府力量，建立海洋工程装备产业发展协调机制

建立和完善促进广东海洋工程装备产业发展的协调机制。充分发挥市

场配置资源的基础性作用，利用市场的价值、供求和竞争规律，用利益诱导、市场约束和资源约束的"倒逼"机制引导科技创新活动；充分发挥政府在产业发展规划、财税、金融政策扶持等方面的积极作用，利用政府有形之手破解市场无形之手的失灵问题；建立产业集群统计监测及考核评价体系，建立国际合作及信息交流平台，加强对产业集群发展的引导、评价指导和协调服务。

（三）推动强强联合，充分发挥龙头企业带动作用

实施海洋工程装备产业龙头企业培优工程，建设产业化龙头企业总部基地，支持龙头企业通过强强联合、同业整合、兼并重组做大做强做优，加快培育一批具有全球竞争力的世界一流企业、具有生态主导力的产业链"链主"企业，并充分发挥产业链整合优势，构建大中小企业融通发展的企业群。弘扬企业家精神，建立优质企业"白名单"，鼓励支持优质企业形成更多创新、技术、质量、规模、效益、品牌、形象世界一流的企业，探索开展企业分类综合评价，引导土地、劳动力、资本、技术、数据等资源向优质企业流动。推进核心承载区加快向企业综合服务、产业链资源整合、价值再造平台转型。

（四）鼓励海外收购，提升研发、服务及国际化水平

借助于国外优秀的研发力量和已有的专利成果，是实现广东省海工装备设计研发水平快速提升的重要途径。当前，全球海工产业进入低潮期，企业市值大幅缩水，为广东省相关企业收购国外设计企业创造了有利条件。应鼓励省内骨干海工企业收购国外先进设计企业，收购相关技术和专利，最大限度地保留人才，沿用国外设计品牌，弥补企业在设计研发方面的短板，同时借助收购的企业提升自身国际化程度和市场认可度。借鉴推广中集集团并购新加坡来福士及瑞典 Bassoe Technology、中车集团收购英国 SMD、海洋石油工程股份有限公司与美国福陆公司组建合资企业的经验做法，选择在海洋工程装备研发设计、生产制造和综合服务领先的国际企业，通过海洋产业发展基金资助广东省有实力的企业，积极进行精准招商、收购兼并或组建合资公司。

广东省海洋生物产业发展蓝皮书

21 世纪是海洋的世纪，海兴则国强民富，海衰则国弱民穷。党的十八大报告提出"建设海洋强国"的宏伟目标，坚持"以海兴国"，海洋的国家战略地位得到空前提高，建设海洋强国已是中国特色社会主义事业的重要组成部分。随后，党的十九大报告进一步明确提出"坚持陆海统筹，加快建设海洋强国"的战略部署，显示我国的核心利益和重大关切逐渐转向海洋。习近平总书记近年多次发表重要讲话，对海洋科技的发展给予了高度重视。我国"十四五"规划的海洋篇章中指出，通过建设现代海洋产业体系，推进海洋经济高质量发展，其中海洋生物产业从"十三五"的扶持发展提升为建设"海洋生物医药产业"宏伟目标。海洋蕴藏着丰富的生物资源，地球上生物资源的 80% 分布在海洋里，推测海洋植物约 10 万种，海洋动物约 16 万种，海洋微生物达到 100 万种以上，因此开发利用海洋生物资源、发展海洋生物产业，对促进海洋经济、海洋科技高质量发展，切实推动我国海洋强国建设都具有重要意义。

广东省具有优越的海洋区位优势。广东省位于南海之滨，管辖海域面积 41.9 万平方千米，大陆岸线 4 114 千米，有着得天独厚的海洋资源，已成为海洋经济强省。2020 年，广东省海洋生产总值 1.72 万亿元，已连续 26 年全国第一。广东省海洋生产总值占地区生产总值的 15.6%，占全国海洋生产总值的 21.6%。广东海洋经济竞争力核心地位持续巩固。广东省委十二届四次全会提出了全面建设海洋强省的战略部署，充分发挥广东省海洋资源优势，坚持陆海统筹、科学用海，加强海洋资源开发利用和保护，打造沿海经济带，全面建设海洋强省，助力全省经济高质量发展。海洋生物产业作为我国海洋经济战略性新兴产业，在海洋经济发展中占据重要地位。本报告通过对广东省海洋生物产业的发展现状概述，分析其产业发展中的优势与劣势，并对今后促进产业的发展提出建议。期望在我国实现蓝色经济的带动下，以"一带一路"为契机，发挥大湾区科技和产业集群优势，加大研发投入和重视企业发展导向，大力发展广东省海洋生物产业，力争 10 年后形成千亿元规模的具有竞争力的海洋生物产业集群，从而有效推进海洋强省建设，促进全省经济高质量发展。

一、海洋生物产业概况

（一）海洋生物产业范畴和全球发展概况

海洋生物产业，指以海洋生物资源为开发对象，运用现代生物技术手段将海洋生物资源开发为海洋生物功能材料、酶制剂和农用生物制剂等海洋生物制品、海洋功能食品和保健品、海洋药物等海洋生物商品的产业。根据海洋经济活动的同质性和行业划分，海洋生物产业主要分为海洋生物医药产业、海洋生物制品产业和海洋渔业及其加工产业三大核心产业。

海洋生物医药产业指以海洋生物为原料或提取有效成分，进行海洋药物和医药产品的生产加工及制造活动。海洋生物医药包括：基因工程、细胞工程、酶工程、发酵工程药物，基因工程疫苗、基因工程菌苗；药用氨基酸、抗生素、维生素、微生态制剂药物；血液制品及代用品；诊断试剂，如血型试剂等；用动物肝脏制成的生化药品等。

海洋生物制品产业主要以海洋生物来源的核酸、蛋白质、多糖和油脂等为原料，利用基因工程、酶工程、生物化工及发酵工程等现代生物工程技术，研发制备成包括酶制剂、海洋生物功能材料、保健和特医食品、功能化妆品、海洋农用生物制剂和饲料、海洋动物疫苗等新型生物制品的产业。其中海洋生物功能材料主要用于制造创伤止血材料、组织损伤修复材料、组织工程材料、运载缓释材料。海洋生物制品有别于海洋生物产品，海洋生物产品主要是利用海洋生物资源（如鱼类、藻类等重要海洋生物）及其简单加工的食用产品。

海洋渔业及其加工产业是指在海洋捕捞、海水养殖等海洋渔业传统产业的基础上，对海洋渔业资源和海产品进行精深加工，提高海洋生物产品的附加值，包括完善海产品冷链物流体系，提升专业产品检验检疫水平。

在全球范围内，美国、英国、加拿大、日本、韩国等世界海洋强国都极为重视海洋生物资源的开发利用，都将海洋生物产业作为新兴海洋科技产业。下面将分别介绍海洋生物医药、海洋生物制品和海洋渔业及其加工3个核心产业的相关发展概况。

1 海洋生物医药产业

从 20 世纪 40 年代开始，随着经济的发展，发达国家对海洋生物医药的研发投入力度日渐增强，并建立海洋生物医药研究机构，如西班牙 Zeltia 生物制药集团、美国国家研究委员会（National Research Council，NRC）、美国国立癌症研究所（National Cancer Institute，NCI）和日本海洋科学技术中心（Japan Marine Science and Technology Center，JAMSTEC）等机构，从而推进海洋生物医药的研发及成果转化。此外，国际组织和主要海洋国家也推出"海洋生物技术计划""海洋蓝宝石计划""东北海洋计划""极端环境生命计划""国际海洋微生物普查（ICoMM）"等一系列研究计划，大力发展海洋药物及海洋生物技术、海洋微生物的活性物质和功能基因开发等方面的研究。研究人员致力于从海洋生物的巨大资源宝库中寻找结构新颖、活性显著的天然化合物，用于新型药物的研发。据统计，截至 2020 年，研究人员从海洋来源的生物中共分离鉴定超过 3 万个新结构化合物，并于 20 世纪 60 年代开发出了最早应用于临床的海洋药物，来自海洋真菌的抗菌药物头孢菌素 C 和来自海洋放线菌的抗结核药物利福霉素，进而吹响"向海洋要药"的号角。

1969—2018 年，美国食品药品监督管理局（FDA）新分子实体新药批准率虽有波动，但在 FDA 批准新药量最少的年度，新药批准数量也高于 15 个，FDA 最多每年批准约 53 个新分子实体药物。但就海洋药物而言，截至 2019 年初，已获批上市的海洋药物有 17 个。目前，国内外共有 20 种海洋来源药物及中药复方制剂应用于临床，约 60 余种候选海洋药物进入临床各期研究。根据国外文献统计，与传统的常规药物研发比较，海洋药物的研发成功率高。经国外文献统计，非海洋来源的药物研发的成功率仅为 1/10 000~1/5 000，海洋来源药物的成功率约为 1/3 500，约为非海洋来源药物的 2 倍。海洋药物研究学科交叉性强、投入大、周期长、风险高。例如，用于治疗软组织肉瘤的药物"ET-743"，是从加勒比海鞘中分离出的。从初始研发到获得来自 FDA 和 EMEA 的上市批准，用了 38 年，花费近 20 亿美元，终于获得成功。海洋药用生物资源分散且大量采集难度大，一些海洋生物活性成分化学结构奇特且提取工艺复杂，难以规模化生产。

目前，世界范围内海洋生物医药产业规模已达到数百亿美元，预计今后 5 年的年增长率将高达 15%～20%。然而，相对于全球海洋经济的规模，海洋生物医药产业不管是数量还是产值都相对较少。海洋生物医药产业在国际上都处于起步阶段，发展潜力巨大。

2 海洋生物制品产业

海洋生物制品中包括的保健食品、特殊膳食、特医食品、功能化妆品和营养食品等在大健康产业中占有重要位置。

根据市场统计，2019 年全球保健食品市场规模达到 2 667 亿美元，同比增长 1.8%，行业规模呈现缓慢增长趋势，其中我国市场规模位列第二，占比 21.8%，仅次于美国市场的 29.1%。据统计，全球特医食品市场规模达 814.8 亿元，市场规模将持续保持增长，其中我国的市场规模为 77.2 亿元，占全球总额的 9.5%，且远未满足实际需求。2019 年全球化妆品市场持续增长，其中护肤品市场规模 955.95 亿欧元，其在全球化妆品市场规模占比提升至 40%。同时，化妆品也逐渐向高端化迈进，占比也不断攀升，目前已超 30%，且年增长率始终高于大众化妆品。我国化妆品市场规模在全球市场中占比超过 11.5%。

海洋作为"蓝色粮仓"，为人类提供了优质的海洋生物蛋白资源，其中蕴含的活性肽，是新型海洋生物制品研发的重要核心原料。海洋食源性生物功能肽的研究自 1992 年有 SCI 研究记录以来，研究热度逐年提升。据文献统计显示，2021 年海洋生物食源性肽的研究记录数（104 篇）已占当年食源性肽研究总数（943 篇）的 11%（图 1）。根据 GrandView Research 发布的统计数据，海洋水解胶原蛋白及其低聚肽的产业市场规模稳步提升，2020 年全球市场规模估算为 9.072 亿美元，预计 2021—2028 年将以 8.7% 的复合年增长率增长，预计至 2028 年全球市场规模达到 17.038 亿美元。市场规模的增长主要归功于膳食补充剂越来越多地采用来自海洋生物的胶原蛋白肽原料。化妆品和个人护理类产品在 2020 年占据了海洋水解胶原蛋白及

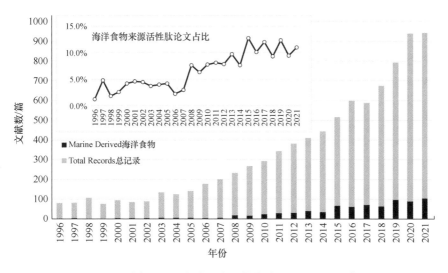

图 1　海洋食源性蛋白肽研究文献统计（1996—2021 年）

数据库范围：Web of Science Core Collection

总记录搜索条件：peptides OR peptide（All Fields）AND bioactive OR activity OR capacity（All Fields）and Articles（Document Types）and Food Science Technology（Web of Science Categories）

海洋食物来源搜索条件：peptides OR peptide（All Fields）AND bioactive OR activity OR capacity（All Fields）AND marine OR sea OR ocean OR oceanic（All Fields）and Articles（Document Types）and Food Science Technology（Web of Science Categories）

其低聚肽市场 39% 的份额，其次是食品和饮料，仅次于化妆品和个人护理产品。北美市场占据 34% 的市场份额，但预计 2021–2028 年亚太地区将成为最大和增长最快的市场区域。在全球占有重要份额的海洋胶原蛋白肽生产和应用企业包括：Gelita AG、Croda International Plc.、Collagen Solutions Plc.、Beyond Biopharma Co. Ltd、Weishardt Holding SA、Titan Biotech、Ashland 和 Rousselot 等。目前，以海洋生物蛋白肽为原料的营养食品和功能（保健）食品、特膳和特医食品的研发应用领域，在美国、日本、韩国和欧洲等发达国家和地区处于领先地位。日本、美国和欧洲首先将多肽应用于食品和功能食品中，产品形式包括了粉剂、片剂、口服液和软胶囊等。海洋蛋白水解物及其肽在日本作为功能基料应用于特殊保健食品，欧洲和北美主要将其作为膳食补充剂的主要原料，被广泛应用于运动营养食品、普通食品、老年人食品和医用食品。当前，国外保健食品已发展至功能明确且有效成分明确的第三代保健食品水平，产品针对不同人群需求细分较为完善。海洋生物活性肽和多糖等活性物质集抗氧化、修复皮肤损伤、成膜锁水功能于一身，受到了雅诗兰黛、欧莱雅、高丝、水芝澳等国际知名化妆品牌的追捧并几乎垄断整个高端海洋生物化妆品市场。其所添加的海洋生物活性物主要有海藻提取物、胶原蛋白肽、珍珠提取物、鱼子提取物等。其中，海洋胶原肽分子量小、抗原性低、生物降解性高，且具有保湿、促进细胞生长、抑制酪氨酸酶等功效，在医学护肤品中应用较为广泛。此外，海洋蛋白肽类化妆品功效多集中在保湿、祛皱、抗衰老等方面，其蛋白肽主要来源于鱼肉、鱼皮、鱼骨、海参、棘皮类、头足类等动物蛋白的水解产物，除胶原三肽外，大部分为混合物且功效活性成分组成及结构信息也不明确。在新型海洋生物活性肽的发现与制备技术研究领域，与生物信息学相结合的新活性肽发掘与设计研究，以异源表达和酶工程为依托的目标活性肽定向高效制备技术，是目前国际研究的前沿。

3 海洋渔业及其加工产业

在全球范围内，海水养殖产量持续增加，但受到技术限制影响，各地区呈现较大差异，如挪威、智利、日本和韩国严重依赖海水养殖，而印度、越南、缅甸几乎尚未开发海水养殖生产潜力。

海洋水产加工产业可大致分为食品加工业和非食品加工业，食品加工业就是用水产品中可食用部分制成冷冻食品、腌制品、罐头制品，非食品加工业则指用水产品中不能直接食用的水产动植物以及食品加工的废弃物等为原料，加工成鱼粉、鱼胶、甲壳质、海藻胶类食品添加剂及工业原料、油脂等产品。精深加工是海洋水产加工产业的重要组成部分，其通过两次或多次加工工序或添加其他辅料的手段，将水产品原料的附加值明显提高。主要包括以下4类：各类熟制水产品、即食水产品、休闲水产品；利用高新技术处理的水产品，如脱脂、超低温技术等；用水产品加工或提取的各类调味用品；利用低值水产品、边角、头足原料以及水产原料废弃物加工的水产品。

国外海洋水产加工产业的发展起步较早，加工技术水平和理念都较先进。早在20世纪70年代，科学家就在水产品加工技术研究方面取得了3项重要成果，极大地推动了鱼糜制品的生产技术、鱼类质量评价和鱼类保鲜技术的发展。随后90年代，水产加工科技研究进一步突破，栅栏技术的应用可更精确地预报食品中的微生物状态，极大地促进了高水分水产调味干制品的研发。多年来，全球海洋水产加工产业蓬勃发展。以挪威为例，其海洋水产加工技术在全球占据重要地位，这都归功于政府对产业的高度重视。挪威是世界上第一个成立专门渔业部的国家，早已把深加工作为水产品研发的重点。据相关资料表明，挪威以整条鲜活产品销售的鱼类仅占水产品销售总量的4.1%，其余95.9%的鱼类均进入各种加工厂进行再生产，加工成鱼食、鱼油等商品及原料，提高其附加值。

（二）我国海洋生物产业发展概况

中国是海洋大国，海域辽阔，面临太平洋，拥有绵长的大陆海岸线（18 000多千米）和丰富的海洋生物资源，具有明显的地缘优势和资源优势。自1996年海洋技术被列入国家"863"计划以来，我国海洋生物资源开发利用的关键技术日臻成熟，部分领域已处于世界领先地位。

我国在《生物产业发展规划》（以下简称《规划》）中将海洋生物产业列为重点发展领域之一。《规划》提出，中国要积极推进海洋生物资源的产业化开发和综合利用，加快开发海洋特有的生物资源，建设资源综合利用的产业聚集区，推动海水养殖、综合加工产业和远洋渔业快速发展。积极应用细胞工程和分子育种等现代生物技术开展种苗繁育和种质创新，大幅提升海水养殖新品种开发能力，加大力度推广应用新产品。《规划》还强调，要加快海洋生物活性物质的开发应用，发展工业用酶、医用功能材料、生物分离材料、绿色农用生物制剂、创新药物等海洋新产品。

我国作为海洋大国，"十三五"期间全面启动海洋国土的战略开发，培育壮大海洋生物医药、海水综合利用、海洋工程装备制造等战略性海洋新兴产业。截至2020年，我国海洋生物产业发展正处于由起步向全面迈入产业化崛起的关键时期，应在资金和技术两方面加大投入，保障其持续发展。在增加政府公共投入的基础上，可吸引社会风险投资，支持企业产品研发，同时提升企业自主研发能力，逐步形成以市场为导向、企业为主体、高校和科研院所为支撑、其他社会资源为补充的技术创新体系。预计我国未来还将形成海洋生物医药、海洋高端生物制品、深海养殖产业、生物资源评价和保护产业、海洋鱼类疫苗产业等新型的海洋生物产业。海洋生物产业将成为未来50年中国生物产业发展的重点领域之一。

1 我国海洋生物医药产业发展概况

借助国家"蓝色经济"战略，中国海洋生物医药产业呈现出快速发展态势，是近年来海洋产业中增长较快的领域。据自然资源部数据，2016年中国海洋生物医药增加值仅336亿元，2020年中国海洋生物医药研发力度不断加大，产业增势稳健，原料药延续较快发展态势，全年实现增加值451亿元，比上年增长8.0%，预计2021年中国海洋生物医药增加值将达486亿元。

21世纪以来，我国海洋生物资源利用特别是海洋天然产物研究发展迅速。2001—2020年在中国海域发现的海洋来源化合物的数量超过其他任何海域。据统计，2013—2020年，我国学者报道的海洋新结构天然产物占全球的48%，其中海洋微生物来源的新结构天然产物占全球的57%。然而，在海洋药物的研发领域中，我国与国际水平相比差距巨大。截至2019年初，国际上有17个海洋药物被批准上市，用于抗肿瘤、抗病毒及镇痛等，而我国一项也没有。

中国科学家致力于海洋药物的研发，至今自主研发获批国内上市的海洋药物有10种（表1）。其中，"九期一®"（甘露寡糖二酸）的获批上市更是我国乃至全球海洋药物研发的重要突破。该药物由中国海洋大学、中科院上海药物研究所、上海绿谷制药有限公司合作研制，是我国一类原创新药，已于2021年12月进入国家医保目录，获得全球15个国家和地区的专利授权，用于治疗轻度至中度阿尔茨海默病，改善患者认知功能。目前，"九期一"©已获FDA批准在美国进行III期临床试验。

表 1 我国自主研发获批国内上市的海洋药物

化合物名称	商品名 （获批时间）	来源	化合物种类	适应症
藻酸双酯钠	藻酸双酯钠片® （1985）	褐藻	类肝素 （低分子多糖）	治疗缺血性脑血管病及心血管疾病
壳聚糖	甲壳胺® （2002）	虾、蟹甲壳	聚糖	促进创伤愈合
角鲨烯	角鲨烯® （2010）	鲨鱼	鱼肝油萜	增强机体免疫能力、改善性功能、抗衰老、抗疲劳等
褐藻硫酸多糖	海麟舒肝® （2012）	褐藻	硫酸化多糖	肝病、抗 HPV
复方多糖	降糖宁片® （2014）	褐藻	复方多糖	降血糖
岩藻聚糖硫酸酯	海昆肾喜® （2015）	海带	聚糖硫酸酯	肾病：慢性肾衰竭
甘露醇烟酸酯	甘露醇烟酸酯片® （2015）	海带	甘露醇烟酸酯	舒张血管、降血脂
甘糖酯	甘糖酯® （2015）	褐藻	类肝素 （低分子多糖）	治疗高脂血症、脑血栓、脑动脉硬化
复方制剂	螺旋藻片® （2015）	螺旋藻	脂肪酸、多糖、β-胡萝卜素等	治疗高脂血症、延缓动脉粥样硬化，增强免疫力
甘露寡糖二酸	九期一® （2019）	褐藻	寡糖	治疗轻度至中度阿尔茨海默病，改善患者认知功能

近年来，随着我国海洋生物医药发展进程的加快，以及国内产业需求的扩大，国内海洋生物医药市场规模正在不断增加。据自然资源部 2020 年《中国海洋经济统计公报》显示，我国海洋生物医药产业增加值从 2007 年 40 亿元增加到 2020 年 451 亿元，增长超过 10 倍，在海洋经济细分领域中成为增速第三的产业，仅次于海洋船舶业和滨海旅游业，行业增速达 8.0%，海洋生物医药俨然已成为海洋经济中最瞩目的发展领域（图 2）。

与此同时，我国在多项规划中对其发展提出目标，同时进行政策上的鼓励支持，有效地促进了海洋生物医药产业的发展。然而，虽然我国生物医药行业年增加值不断扩大，市场规模越来越庞大，但我国海洋生物医药行业技术水平整体较低，与美国、瑞士、法国等发达国家相比差距明显。

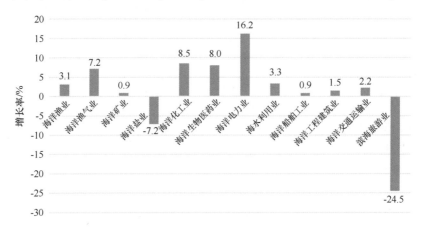

图 2　2020 年中国海洋经济各领域增速对比

（数据来源 2020 年《中国海洋经济统计报告》）

2　我国海洋生物制品产业发展概况

海洋生物制品已在工业、农业、人口健康、资源环境等领域显示出越来越重要的应用价值。中共中央、国务院印发《"健康中国 2030"规划纲要》后，党的十九大作出"实施健康中国战略"的重大决策，为大健康产业带来巨大的发展需求，并将成为国民经济的支柱产业之一。据相关数据显示，我国大健康产业 2019 年的规模达 8.78 万亿元，2020 年达 10 万亿元，并将于 2023 年超过 14 万亿元（图 3）。

以海洋生物活性肽为例。活性肽是主要海洋生物活性物质之一，是海洋生物制品研发的重要材料。生物活性肽具有慢性疾病辅助治疗作用，在美容和身体机能调节方面也表现出多种功效，为此广泛应用于营养、保健、特医、特膳食品和化妆品等大健康相关产品。20 世纪 90 年代初，美国 FDA 首次将生物活性蛋白肽作为营养食品批准为"肠道营养剂"。随后，日本相继批准了食源性肽在医药、保健、食品和化妆品等产品中的应用。我国 2006 年首次将多肽研发纳入"十五计划"和"863 计划"等研

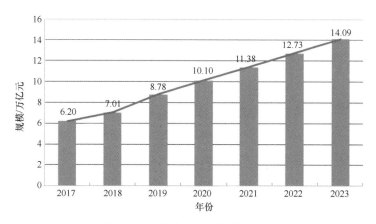

图3 中国大健康产业规模及预测

究计划中。据市场数据统计，我国 2019 年蛋白肽产业总体规模接近
900 亿元，预测 2023 年将稳步上升到 1 556 亿元规模（图4）。我国丰富且
优质的海洋渔业资源，为海洋生物活性肽的开发利用奠定了坚实的物质基
础。因此，海洋生物活性肽，在海洋保健食品、海洋特医食品和化妆品等
海洋大健康产业的应用，拥有广阔发展前景。

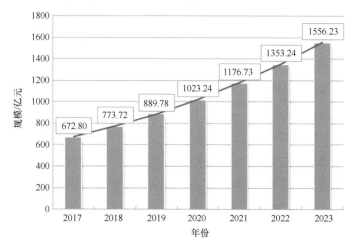

图4 中国蛋白肽产业规模及预测

据统计，2019 年中国海藻干重产量 236.22 万吨，占世界总产量的
50%。从大型海藻中提取的藻胶多糖，主要包括琼胶、卡拉胶和褐藻胶等，

具有凝胶、增稠、乳化等特性，可以用作胶凝剂、增稠剂或保鲜剂等，应用于食品工业可以加工成果冻粉、软糖粉、布丁粉等。海藻多糖还具有抗肿瘤、抗氧化、免疫以及美容等功效，在医学科研和化学工业等方面应用广泛，现已应用于医用材料和护肤化妆品等领域。海藻酸盐医用敷料被称为医疗界的"劳斯莱斯"，青岛明月海藻集团有限公司提供着我国70%以上的该产品原料；海藻酸钠达到"组织工程级"纯度才能成为人体植介入材料，明月海藻成为全球第二家实现该材料产业化的企业，其海藻酸盐系列产品在世界同行业排名第一。

海洋生物油脂富含多不饱和脂肪酸，具有多种功效。包括：保持细胞膜的流动性；降低血液中胆固醇和甘油三酯水平；降低血液粘稠度，改善血液微循环；提高脑细胞的活性，增强记忆力和思维能力；作为人体激素和功能因子合成前体等。据统计数据，目前全球鱼油总产量约110万吨，74%来自于整鱼，26%来自于加工副产物；其中，25%用于保健食品和其他食品供人食用，75%用于水产养殖业等领域。以2015年数据，DHA和EPA相关产品的全球市场价值约为31.4亿美元，以亚洲市场占有率最大，约占全球市场的36%。我国粗鱼油年产量在6万吨，75%来自整鱼，25%来自加工副产品，大部分用于化工业和饲料业。国内鱼油保健品市场近30亿元，药用级鱼油数量稀缺。国内规模较大的保健品用途鱼油原料生产企业主要分布于山东、江苏和浙江。广东海洋鱼油企业虽然规模不大，但精深加工技术优势较为明显。

（1）我国海洋保健食品的现状

随着新世纪生命科学的进步和科学健康饮食观念的普及，人们对海洋生物营养价值及其功能性成分功效的认识提升到了一个新的高度，人们的膳食结构和消费趋向也正在发生明显变化，选择更加健康安全的海洋绿色功能性食品已成为社会时尚，具有广阔的空间和市场。据预测，未来10年全球功能性食品的市场份额每年将以10%的速度增长，远超过其他食品和饮料的年均2%的增长速度，而且中国保健品市场规模有望于近年超越美国，预测可达4 500亿元。据国家药品监督管理局注册保健食品数据分析，2019年我国含海产成分的注册保健食品为1 500多个，约占总数的13%，其比例远低于陆源原料的保健食品。其中以活性肽为原料的516个保健食品中，含海洋生物来源活性肽保健食品 45 个，约占 8.7%。国外的海洋活性肽保健与功能制品都相对更丰富。此外，我国保健食品种类绝大部分属于第一、二代保健食品，缺乏国际先进水平的第三代保健食品，即功效和成分结构信息明确的新型保健食品。因此我国海洋生物功能物质的发掘及其在保健食品的应用技术亟待加强。

（2）我国特殊医学用途配方食品产业现状

特殊医学用途配方食品（FSMP），可以作为一种营养补充途径，在治疗、康复及机体功能维持等方面起着重要的营养支持作用，对改善愈后、缩短住院时间、降低住院费用等有明显的改善作用。我国特医食品应用率仅 1.6%，与发达国家英国的 27% 和美国的 65% 差距明显。据市场统计数据，我国特殊医学用途配方食品市场由纽迪希亚、雅培制药、雀巢和华瑞等跨国（合资）公司占据了 90% 以上的市场份额，而且品种少，不少病种在中国无相应品种可选，亟待扭转产业不利局势。随着《特殊医学用途配方食品注册管理办法》的实施，以及相关法规标准的不断完善，将从根本上改变我国特殊医学用途配方食品依赖进口、缺乏自主知识产权产品的局面。随着具体管理办法和措施的逐步完善和实施，2021 年年底已有81 种特医食品获得注册批文，但大部分为婴儿配方食品、营养素组件型和全营养型，而适合 13 种特定患者的全营养配方食品仍然处于空白。随着我国特医食品管理法规的日渐完善，特医食品将迎来发展的井喷期。然而，目前国际上海洋生物功能性蛋白肽、多糖和油脂等在特医食品领域的应用均处于研究起步阶段，这为我国海洋生物活性物质在特医食品的应用提供了追赶的机会和广阔的发展空间，有望成为海洋经济新的增长极。

（3）我国海洋生物化妆品产业现状

近年来化妆品行业已成为我国国民经济中发展最快的行业之一，对加快经济增长和提高人们生活质量起到了十分重要的作用。据统计，2019 年全国化妆品行业产值达 2 992 亿元，是我国发展最快、最具发展前景的产业之一。

海洋生物活性肽和多糖等活性物质集抗氧化、修复皮肤损伤、成膜锁水功能于一身，已受到国际知名化妆品牌的追捧。雅诗兰黛、欧莱雅以及曼秀雷敦等知名品牌化妆品相继使用海洋生物活性物质。美国水芝澳海洋修护系列中主要成分均来自海洋；瑞士蓓丽鱼子酱精华乳霜集合了鱼子的萃取物和精华元素，所富含的丰富蛋白质能有效营养皮肤；娇韵诗利用石莼提取物开发面霜和沐浴乳；日本资生堂利用维生素 E 和绿藻、红藻、褐藻提取物开发了能紧致皮肤、促进血液循环和保持水分的护肤品。

国内如珀莱雅化妆品股份有限公司、广州环亚化妆品科技有限公司、广东丹姿集团有限公司、佛山市安安美容保健品有限公司等化妆品企业，利用具有抗氧化、保湿、防晒、促进皮肤再生或淡化色斑功效的海洋生物活性物质，相继研发并推出一系列的海洋生物化妆品，这些活性物质包括海藻提取物、珍珠提取物、壳寡糖、海洋胶原肽、海洋贝类肽等。虽然近几年中国化妆品市场整体快速发展，品种和花样不断增加，市场需求逐渐扩大，但国内企业普遍起步较晚，多存在生产规模小、集约化程度低、基础研究投入少、产品科技含量不高等问题。由于研发和生产技术发展出现瓶颈，特别是功能性原料、材料的高效制备技术、危害物脱除技术及绿色生产技术集成等方面，因此中高档产品多以国外品牌为主。

3 我国海洋渔业及其加工产业发展概况

我国是渔业经济大国，渔业资源发达，据 2021 年《中国渔业统计年鉴》数据显示，2020 年我国的海洋养殖和捕捞总产量已达到 3 082.72 万吨，全社会渔业经济总产值 27 543.47 亿元，其中渔业产值 13 517.23 亿元，渔业工业产值 5 935.08 亿元，渔业流通和服务业产值 8 091.15 亿元。渔业产值中，海洋捕捞产值 2 197.20 亿元，海水养殖产值 3 836.20 亿元，淡水捕捞产值 403.94 亿元，淡水养殖产值 6 387.15 亿元，水产苗种产值 692.74 亿元。渔业产值中（不含苗种），海水产品与淡水产品的产值比例为 47∶53，养殖产品与捕捞产品的产值比例为 4∶1，其中海洋渔业产值 6 033.4 亿元，约占渔业总产值的 45%。

同时，我国也是水产品加工大国，据 2021 年《中国渔业统计年鉴》数据显示，截至 2020 年年底，全国水产加工企业 9 136 个，水产冷库 8 188 座。水产加工品总量 2 090.78 万吨，同比下降 3.71%。其中，海水加工产品 1 679.27 万吨，同比下降 5.45%；淡水加工产品 411.51 万吨，同比增长 4.09%。用于加工的水产品总量 2 477.16 万吨，同比下降

6.52%。其中，用于加工的海水产品1 952.98万吨，用于加工的淡水产品524.18万吨，同比分别下降6.64%和6.09%。据海关总署统计，2020年我国水产品进出口总量949.04万吨、进出口总额346.06亿美元，同比分别下降9.89%和12.07%。其中：出口量381.18万吨、出口额190.41亿美元，同比分别下降10.66%和7.81%；进口量567.86万吨、进口额155.65亿美元，同比分别下降9.36%和16.77%。贸易顺差34.76亿美元，比上年同期增加15.24亿美元。2020年，由于渔业灾情造成水产品产量损失116.95万吨，受灾养殖面积80.879万公顷，直接经济损失181.97亿元。

表2　2013—2020年中国水产品加工行业变化

年份	水产品加工能力/万吨	水产品加工总量/万吨	海水加工品总量/万吨	水产品加工总产值/亿元	水产品加工企业/个	水产品出口总值/亿美元
2013	2 745.31	1 954.02	1 591.03	3 435.60	9 774	202.63
2014	2 847.24	2 053.16	1 678.63	3 712.70	9 663	216.98
2015	2 810.32	2 092.31	1 718.41	3 880.58	9 892	203.33
2016	2 849.11	2 165.44	1 775.07	4 090.00	9 694	207.38
2017	2 926.23	2 196.25	1 788.06	4 305.08	9 674	211.50
2018	2 892.16	2 156.85	1 775.02	4 336.79	9 336	223.26
2019	2 888.20	2 171.41	1 776.09	4 440.99	9 323	206.58
2020	2 853.43	2 090.79	1 679.27	/	9 136	190.41

数据来源2014—2021年《中国渔业统计年鉴》和2020年《全国渔业经济统计公报》

　　2013—2020年我国水产品加工业以海水加工品为主，水产品加工总产值逐年提高（表2），2020年因新冠肺炎疫情原因略有下降。通过进一步分析，我们发现在新冠肺炎疫情发生前，水产品加工企业数量逐渐减少，而加工能力却未有明显减少并呈上升趋势，表明一些规模小、竞争力差的企业被淘汰或兼并，资源实现了优化配置，使得水产品加工业的整体水平得到提升。随后，在全球新冠肺炎疫情的影响下，由于涉及新冠病毒的冷链传播影响，我国水产品生产、加工和出口均略有下降。总体而言，我国海洋水产加工产业的整体水平较低，水产品加工比例远低于世界平均水平，仅占我国水产品总产值的 30% 左右，精深加工的比重较低，对水产品加工下脚料的综合利用程度不高。

二、广东省海洋生物产业发展现状

（一）广东省海洋生物产业概况

广东省拥有全国最长的海岸线，有着丰富的海洋生物资源。在我国实现蓝色经济的带动下，广东省逐渐从海洋大省迈向海洋强省。根据《海洋生产总值核算制度》，经由自然资源部初步核算，2020 年广东省海洋生产总值为 1.72 万亿元，连续 26 年位居全国首位。广东省海洋生产总值占全国海洋生产总值的 21.6%，占全省地区生产总值的比重为 15.6%，海洋经济已成为广东经济发展的"蓝色引擎"，广东也成为我国海洋经济发展的核心区之一。据初步核算，2020 年全省海洋三次产业结构比为 2.8∶26.0∶71.2，海洋第一产业比重同比上升 0.3 个百分点，海洋第二产业比重同比下降 1.9 个百分点，海洋第三产业比重同比上升 1.6 个百分点（图 5）。

海洋生物产业作为广东省重点支持的海洋六大产业之一，将重点发展海洋创新药物研发、海洋高端生物制品和海洋大健康产业、现代海洋渔业及其加工产业，形成具有竞争力的海洋生物产业集群，以此培育壮大海洋生物产业，驱动广东海洋经济高质量发展。广东省大力落实科技兴海战略，建设科技兴海产业基地，重点发展以广州、深圳为中心的珠三角地区海洋生物产业集群，以湛江为主的粤西海洋生物产业集群。近年，广东省积极打造"粤海粮仓"，建设智能渔场、海洋牧场、深水网箱养殖基地，新建一批国际水产品交易中心和渔港经济区。至 2025 年，形成产值超 1 200 亿元的海洋生物产业集群。然而，虽然经过多年的发展，产业内发展仍以海洋渔业及其加工产业为主。2020 年，海洋渔业相关产业在全省主要海洋产业增加值构成中的比重占 11.6%，仅次于滨海旅游业和海洋交通运输业（图 6）。但近年来，海洋生物医药等海洋生物相关产业在各地区发展势头迅猛，呈良好态势。

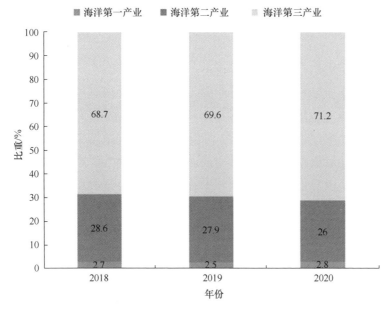

图 5 2018—2020 年广东省海洋三次产业占比

（数据来源于《广东海洋经济发展报告 2021》）

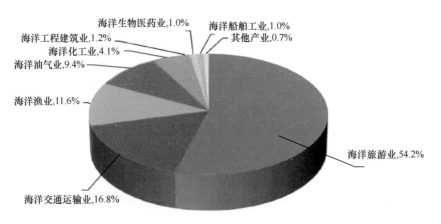

图 6 2020 年广东省主要海洋产业增加值占比

（数据来源于《广东海洋经济发展报告 2021》）

(二) 广东省海洋生物产业集群现状

产业集群的模式有多种，其中最常见的集群模式是龙头企业为核心的集群网络模式。以龙头企业为核心产生主导作用，通过形成集群网络促进内部互相联系与互相合作，促进企业技术能力，降低研发成本，增强经济效益。因此，海洋生物产业集群，即是在海洋生物领域中具有相关经济技术关联的企业和机构，在特定的空间区域内进行相互联系与合作，为促进产业经济效益协同发展的一种组织形式。目前，广东海洋生物产业形成了海洋药物与生物制品（新兴产业）和现代海洋渔业（传统优势海洋产业转型升级）两大产业集群。

1 海洋药物与生物制品产业集群

海洋药物与生物制品产业集群主要由海洋生物医药、海洋生物制品和海洋大健康产业组成，主要以广州为中心，深圳、珠海等地为辅，围绕在珠三角地区。产业发展结构良好，产业分工明细，有上中下游系统完整的产业链，分布在海洋生物资源获取、技术加工和产品开发三大环节。产业集群发展聚集了中国科学院南海海洋研究所、中山大学在内的16所科研院所和高等院校，拥有国家级、省部级等各级科技平台，为海洋药物与生物制品产业提供技术和科技人才的支撑。目前，海洋药物与生物制品产业虽然拥有一批核心技术，产业产值逐年稳步提升，但产业集群发展程度不高，总体仍呈现发展相对分散的特点。相关企业和机构虽然主要集中在珠三角地区，但彼此间沟通合作较少，尤其是企业间存在技术壁垒，未能产生良好的集群效应。目前，在有关部门的政策引导下，推动了一批产业集聚区的建设，如深圳市坪山区、大鹏新区等。大鹏海洋生物产业园、国际生物谷坝光核心启动区、坪山深圳国家生物产业基地、高新区生物医药研发总部基地等产业园区集聚一大批海洋生物医药创新型企业，已初步形成产业集聚效应，逐步形成了一条集研发、中试、产业化的创新发展链条。据《广东海洋经济发展报告（2021）》显示，深圳市坪山区生物医药企业已达600余家，初具上下游完整、特色鲜明、集聚效应显著的特点。大鹏新区建设有海洋生物产业园，作为首批国家生物产业基地之一，首批入园项目达 61 个，获得知识产权项目数超过 120 个（项）。同时，珠海生物医药产业集群入选国家战略性新兴产业集群发展工程，中国（珠海）海洋功能性食品创新研发中心等平台建设取得重大进展。2020 年，广东省累计有143 家海洋生物医药企业申请了专利，全省海洋生物医药业增加值51 亿元，同比增长 23.6%。

2 现代海洋渔业产业集群

现代海洋渔业产业集群主要由海洋生物育种、养殖和精深加工三大环节组成，产业发展主要聚集于粤西湛江市。目前，产业集群发展势头良好，显示较好的协作配套效应，能带动相关企业快速发展，提升产业的规模效益和竞争力。产业集群的发展聚集了广东海洋大学、中国热带农业科学院南亚热带作物研究所等高等院校和科研院所，吸纳专业技术相关人才，实现技术与生产有效结合。在海洋生物育种方面，产业形成了以虾苗繁殖为主导产品的育种行业，如广东恒兴集团有限公司、国联水产集团、广东粤海控股集团有限公司和东方集团股份有限公司等水产种苗繁育企业。特别是海洋水产精深加工产业发展较好，行业积极开发新产品，推广应用新技术，通过组织来料加工，引进技术和设备，进行技术改造，提高了整个行业的技术水平，带动了加工技术的进步。在海产品精深加工方面拥有特色海产品加工产业集聚区域，如湛江开发区、霞山区、麻章区和霞山区的对虾、罗非鱼加工业，雷州和遂溪的扇贝加工业，徐闻和雷州的珍珠养殖加工业，吴川的海蜇加工业等，产业发展在行业内具有较好影响力。粤西的产业集群工业园区主要聚集于湛江，分别有湛江特色水海产业国家农业科技园、湛江海洋科技产业创新中心、南方海谷海洋产业孵化中心、湛江奋勇高新区和湛江吴川海洋产业示范园。

据《2020 中国渔业统计年鉴》显示，2019 年广东海水加工品总量达到 105.7 万吨，位列全国第五，表明全省企业在管理、技术装备和产品开发的水平不断提高，进一步改善了生产条件，提高了水产品加工水平和效率。产业发展过程中，培育出国联水产集团、广东恒兴集团等大批具有行业影响力的知名企业，其中广东恒兴集团更被评为 2018 年世界百强水产企业。在海洋水产品精深加工中，广东润科生物工程股份有限公司开发了系列海洋微藻不饱和脂肪酸营养强化剂产品，年产值超过 2 亿元，产品应用于国内多家食品企业，并出口欧美等国际市场。

粤港澳大湾区智慧海洋牧场综合产业项目开工，全国首台半潜式波浪能养殖网箱投产，惠州市小星山海域国家级海洋牧场示范区启动建设。珠海洪湾中心渔港成为国家级海洋捕捞渔获物定点上岸渔港。珠海市斗门区白蕉海鲈、阳江市阳东区寿长蚝、湛江市廉江南美白对虾入选 2020 年第一批全国名特优新农产品名录。2020 年，全省海水养殖产量 331.2 万吨，海洋捕捞产量 113.2 万吨，远洋捕捞产量 6.3 万吨；海水鱼苗量 47 亿尾；海洋水产品加工总量 105.8 万吨，同比增长 3.7%；海洋渔业和海洋水产品加工业增加值 566 亿元，同比增长 2.9%。

2010 年 6 月，广东省首个深海养殖网箱产业园在特呈岛投入建设，由此拉开了湛江深海网箱养殖发展的序幕。2012 年，湛江港湾开展渔业设施清障行动，特呈岛渔民淘汰了传统小型网箱，组建合作社适度规模发展深海网箱养殖。经过 10 余年发展，湛江拥有了一批以国联水产集团、广东恒兴集团有限公司、湛江汇富海洋科技有限公司、湛江富洋水产有限公司等为代表的深海网箱养殖企业，建成特呈-南三、流沙、东海岛、东里、草潭 5 个深水网箱养殖园区，用海面积 2 666 公顷，总投资超 10 亿元，深海网箱数量达 3 300 多个，占全省 2/3。随着从网箱制造、网具生产、鱼类饲料生产与经销，到鱼类养殖、收购、加工、销售等环节的产业链条日趋完善，湛江深海养殖产业年产值达到 100 亿元，带动约 10 万人就业。

3 广东省海洋生物产业链全景图

据《广东海洋经济发展报告（2021）》，当前广东省海洋生物产业发展快速，产业集聚度不断提升，如海洋生物技术研发、海洋生物医药制备等高结构层次、高附加值的产业主要集中于广州、深圳等珠三角地区，而海洋渔业、海洋水产品加工等传统产业则聚集于粤东和粤西地区。初步形成了以广州、深圳、湛江、珠海等地为重点产业集群，沿海城市全覆盖的发展格局。海洋药物与生物制品（新兴产业）和现代海洋渔业（传统优势海洋产业转型升级）两大产业集群发展已形成一定规模产业链，潜力巨大。海洋生物产业链条齐全，具有完善的渔业捕捞、种苗繁育、健康养殖、海洋生物新种质资源挖掘等产业的上游产业链，有成熟的海产品精深加工和海洋生物活性物质提取技术的中游产业链，以及拥有海洋医用食品、海洋功能性食品、化妆品与精细化工产品、生物材料等的下游产业链（图7）。市场活力持续增强，全省新注册从事海洋生物技术研发、生产或服务的企业有247家。

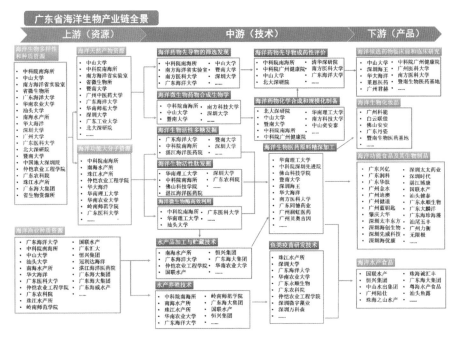

图7　广东省海洋生物产业链全景图

海洋生物产业在一定的集群发展下，获得了较好增长和产品创新。但总体而言，技术创新的水平仍偏低，尤其海洋水产品加工、海洋功能食品、海洋药物、海洋生物酶制剂、海洋生物源化妆品等方面的高值化产品较少，亟须从加工数量向质量转型。未来，在相关产业集聚区的建设下，政府部门可对产业发展加强统一布局规划，促进产业集群质量水平提升，并通过"粤港澳大湾区"战略的持续推进，广东省海洋生物产业将会获得跨越式发展。

（三）广东省海洋生物研发平台现状

广东省海洋生物产业发展较早，走在全国前列，拥有较多海洋生物产业相关的研究机构、高校、高新企业和重点实验室等研究平台，对相关人才的培育具有一套较为完整的体系。据不完全统计，目前广东省内主要海洋生物相关企业及机构有40余家（见附录一），其中大部分单位集中在广州，围绕着海洋生物相关产业进行生产及科研活动。这些研究机构在国家科技部、教育部、中科院等部委和广东省支持下，建立了多个国家工程研究中心和省部级重点实验室等海洋生物相关的研究平台（见附录二），并在广东省海洋生物研发中起到举足轻重的作用。

在高校方面，中山大学作为全国知名的综合性重点大学，在海洋生物医药研究领域有着悠久的历史。现在中山大学在相关领域建有南海海洋生物技术国家工程研究中心、海洋微生物功能分子广东高校重点实验室等，大力发展海洋生物制品、海洋药物等海洋生物产业。广东海洋大学是广东省和原国家海洋局共建的省属重点建设大学，是一所以海洋和水产为特色、多学科协调发展的综合性大学，在海洋生物技术、水产和食品领域具有技术和人才优势，是广东省海洋生物医药研究的主力军。2015年华南农业大学为了更好地满足国家和广东省海洋发展战略对人才与科技的需求，在动物科学学院水产养殖系的基础上成立海洋学院，主要研究海洋生物技术和海洋渔业研究。

在国家级科研院所方面，中科院南海海洋研究所是综合性海洋研究机构，在海洋生物医药研究领域建有中科院热带海洋生物资源与生态重点实验室、广东省海洋药物重点实验室和广东省应用海洋生物学重点实验室等，是广东省海洋生物医药研究的优势单位。中国水产科学研究院南海水产研究所是我国南海区域从事热带亚热带水产基础与应用基础研究、海洋生物和水产重大应用技术研究的公益性国家级科研创新机构，建有农业农村部水产品加工重点实验室，在海洋生物技术和渔业资源研究领域具有较好技术优势。

南方海洋科学与工程广东省实验室是广东省第二批启动建设的省实验室，是广东省全面建设海洋强省，优化区域海洋产业结构，拓展海洋经济发展新空间的重要举措。实验室采用广州、珠海、湛江三市同步建设推进，旨在整合广东省及港澳相关的研究队伍，提升广东省海洋科技创新能力，优拓产业，协同合作，发挥集团军优势，带动区域海洋科技与海洋经济发展，建成国际一流的海洋科学与工程研究基地。其中，海洋生物医药研究方向是南方海洋科学与工程广东省实验室的主要研究方向之一。

高新企业方面，深圳华大海洋科技有限公司依托深圳市海洋生物基因组学重点实验室和深圳华大海洋科技有限公司院士（专家）工作站，已深入开展多种海洋生物功能多肽基因资源的筛选挖掘、功能预测和活性研究。深圳海王药业有限公司，拥有国内领先的医药健康产业自主创新能力和完备的研发体系，企业的创新能力突出。2015 年海王集团成功收购三亚海王海洋生物，逐步加大对海洋生物制品研发和生产的投入。我国知名民族品牌佛山市安安美容保健品有限公司依托海洋生物化妆品院士工作站和广东省海洋生物化妆品与新材料工程技术研究中心，突破海洋生物资源高值绿色利用技术，重点开展海洋生物活性肽及其高端化妆品的研发。丹姿集团旗下广州市科能化妆品科研有限公司与中科院南海海洋研究所联合成立"中国科学院南海海洋研究所–水密码联合研发中心"，开展海洋藻类活性多糖的化妆品应用。湛江国联水产开发股份有限公司专注于海洋水产加工产业，是以国内国际贸易、水产科研为一体的全产业链跨国集团企业，出口产品远销海内外，遍及全球 40 多个国家和地区。

随着广东省加快推进海洋经济强省建设，近年来在广东省和地方的支持下，成立了不少创新型海洋生物研发机构，为广东省海洋生物产业注入新的活力。如 2019 年成立的广东湛江海洋医药研究院是广东医科大学主动适应国家海洋战略、海洋药物学科发展规律和产业发展势头应运而生的创新型研发机构，也是南方海洋科学与工程广东省实验室（湛江）的主要建设单位，积极打造极具创新实力的国际海洋药物研发中心，进而推动粤西海洋生物医药产业跨越式发展。深圳职业技术学院于 2019 年组建成立海洋生物医药研究院，研究院以国家和深圳市科技创新与产业发展为立足点，顺应国家海洋战略、海洋药物学科发展规律，开展面向重大疾病的海洋天然产物全合成、化学生物学等方面的研究，加速海洋生物医药成果孵化开发和技术转移转化，搭建海洋生物医药产学研合作平台、应用技术研究高地、孵化推广基地，构建产学研用一体化运行机制，为深圳推动海洋生物产业快速发展、加快建设全球海洋中心城市提供人才与技术支持。

近年来，广东省海洋生物领域积极与国内优势单位进行技术联合，利用优势单位的科研技术实力，协调创新，合作攻克海洋生物技术领域的卡脖子技术难题，合作投资科技成果转化率高的项目，形成快速产生效益的海洋生物医药产业经济增长点，弥补广东科研力量不足的缺陷。其中，与广东省有良好合作基础的海洋生物相关国内优势单位和平台有60余家（见附录三）。例如2020年4月，国家重点研发计划"深海关键技术与装备"重点专项"重要深海药源天然产物合成生物学产生体系构建"项目启动会召开，该项目由广东省中国科学院南海海洋研究所牵头，联合中国海洋大学、北京大学、海军军医大学、上海交通大学、南京大学、中山大学、华东理工大学、同济大学和深圳大学9家单位共同承担。项目聚焦对重大疾病有治疗潜力的深海天然产物的生物合成途径、转录调控规律、关键合成步骤调节策略开展研究；构建异源高效表达体系、优化目标产物产率、鉴定功能更佳新变体分子；建立高产发酵制备平台，评估目标产物的成药性前景，为开发具有我国自主知识产权的创新性海洋药物奠定基础。

（四）广东省海洋生物产业关键技术和竞争力分析

海洋生物产业关键技术是产业发展的核心动力，关键核心技术受制于人已成为制约经济高质量发展的瓶颈。广东省主要依托中山大学、中科院南海海洋研究所、广东海洋大学等科研单位和重要研究平台，在海洋生物领域取得了卓有成效的进展，特别是在海洋功能生物资源挖掘、海洋天然产物和海洋药物研发、海洋微生物新型生物酶和海洋蛋白肽的生物制品研发，以及海藻和鱼油等海洋水产品精深加工技术中处于国内领先地位，部分技术接近或达到国际先进水平。这些关键技术是广东省海洋生物产业发展的根基和优势所在，是建设海洋生物产业强省的必备条件。

1. "海洋微生物资源挖掘"关键技术

"海洋微生物资源挖掘"关键技术的核心内容和竞争力分析见表3。

表 3 "海洋微生物资源挖掘"关键技术

关键技术	国内竞争力	国际竞争力
海洋生物新物种的发现鉴定	国内领先	国际领先水平
海洋稀有和未培养微生物选择性分离	国内领先	接近国际水平
微生物新种属的多相分类鉴定技术	国内领先	接近国际水平
海洋功能微生物的筛选和保藏	基本一致	5 年左右差距
深海和特境药用微生物资源挖掘	基本一致	接近国际水平
海洋微型藻类新资源的挖掘	国内领先	接近国际水平

"海洋生物资源挖掘"关键技术的主要优势单位,广东省有中国科学院南海海洋研究所、中山大学,省外有自然资源部第三海洋研究所。

中国科学院南海海洋研究所近 5 年发现了热带海洋微生物 3 个新科、10 个新属和 22 个新物种。其中:发现和积累的 81 个海洋放线菌属级类群中 48 个属级类群为南海海洋研究所第一次发现;构建了亚洲最大的海洋放线菌资源库,丰富了我国海洋微生物稀有资源保藏。中山大学于 2019 年 10 月和 2020 年 6 月,在西沙群岛发现两种海生昆虫新物种,分别命名为羚羊礁海蝽和石屿海泽甲,刷新了对于中国昆虫区系和海洋动物区系的认识,具有国际领先水平。

2. "海洋药用生物资源高效保存"关键技术

"海洋药用生物资源高效保存"关键技术的核心内容和竞争力分析见表 4。

表 4 "海洋药用生物资源高效保存"关键技术

关键技术	国内竞争力	国际竞争力
海洋药用生物资源的收集与保存	基本一致	10 年左右差距
海洋药用动物功能基因发现和挖掘	国内领先	接近国际水平
海洋药用动物活性肽的发现和挖掘	国内领先	接近国际水平
海洋药源生物功能基因库的建立保存	国内领先	接近国际水平
海洋天然产物样品库的建立保存	基本一致	接近国际水平

"海洋药用生物资源高效保存"关键技术的主要优势单位，广东省有中山大学、中国科学院南海海洋研究所、深圳华大海洋科技有限公司、暨南大学，省外有中国海洋大学、解放军第二军医大学、中国科学院上海药物研究所。

2017 年由中山大学牵头，广东省有中国科学院南海海洋研究所、暨南大学参与，省外有中国海洋大学、解放军第二军医大学等单位参与，共同建成了国内第一个"海洋生物天然产物化合物库"。深圳华大海洋科技有限公司构建了"鱼类抗菌肽数据库"，为深入研发新型饲料添加剂、保健食品或药品等提供重要的科技支撑。

3. "海洋活性天然产物和先导物的发现"关键技术

"海洋活性天然产物和先导物的发现"关键技术的核心内容和竞争力分析见表 5。

表 5 "海洋活性天然产物和先导物的发现"关键技术

关键技术	国内竞争力	国际竞争力
海洋新颖活性化合物的分离和鉴定	国内领先	基本一致
海洋活性大分子的提取分离	国内领先	接近国际水平
海洋天然产物的活性筛选和机制研究	基本一致	10 年左右差距
珊瑚来源药物先导化合物的发现	国内领先	基本一致
海绵来源药物先导化合物的发现	基本一致	接近国际水平
其他海洋动植物来源药物先导化合物的发现	基本一致	接近国际水平
海洋微生物来源药物先导化合物的发现	国内领先	接近国际水平

"海洋活性天然产物和先导物的发现"关键技术的主要优势单位，广东省有中山大学、中国科学院南海海洋研究所，省外有南京大学、中国海洋大学、中国科学院海洋研究所等。

1987 年国家教委对中山大学"南海海洋生物中次级代谢产物及其生理活性物质的研究"授予科技进步一等奖；1989 年国家科委对"南海珊瑚化学成分及其生理活性的研究"授予国家自然科学奖三等奖。中科院南海海洋研究所的成果"海洋生物活性物质及其高值化利用"获得 2007 年度国家科技进步二等奖。21 世纪以来,我国已成为发现和报道海洋新颖天然产物最多的国家,而广东省海洋天然产物研究同时处于国内领先水平,特别是海洋微生物来源天然产物中,广东省合成的新颖化合物占全国首位(据权威杂志《Natural Product Reports》海洋天然产物年度综述统计)。

4. "海洋微生物药物先导化合物合成生物学"关键技术

"海洋微生物药物先导化合物合成生物学"关键技术的核心内容和竞争力分析见表 6。

表 6　"海洋微生物药物先导化合物合成生物学"关键技术

关键技术	国内竞争力	国际竞争力
海洋微生物药物先导物的生物合成	国内领先	基本一致
海洋微生物药物先导物的异源表达	国内领先	接近国际水平
海洋微生物药物先导物合成生物学体系构建	国内领先	5 年左右差距
海洋微生物药物先导物的规模化制备	3 年左右差距	5 年左右差距

"海洋微生物药物先导化合物合成生物学"关键技术的主要优势单位,广东省有中国科学院南海海洋研究所,省外有南京大学、中国海洋大学等。

2014 年自然指数(Nature Index)中国专刊中描述了广州地区的科研贡献,其中重点描述以中国科学院南海海洋研究所为主的海洋微生物药用活性成分及生物合成工作,贡献了广州地区地球环境领域 43% 的指数。中国科学院南海海洋研究所阐明了深海来源的放线菌中分离得到核苷类抗生素 A201A 和怡莱霉素的生物合成过程,首次发现并阐明了一个负责吡喃半乳糖和呋喃半乳糖互变的变位酶 MtdL,并实现了新结构衍生物在基因工程菌株中的高效生产,为我国新型海洋药物的进一步开发提供了自主知识产权的化学实体。上述成果被评为"2017 年度中国海洋与湖沼十大科技进展"。

5. "海洋药物研发体系" 关键技术

"海洋药物研发体系" 关键技术的核心内容和竞争力分析见表7。

表7 "海洋药物研发体系" 关键技术

关键技术	国内竞争力	国际竞争力
海洋药物研发产学研体系	3 年左右差距	10 年左右差距
海洋动植物来源药物先导化合物成药性评价	3 年左右差距	10 年左右差距
海洋微生物来源药物先导化合物成药性评价	国内领先	10 年左右差距
海洋动植物来源候选药物临床前研究	3 年左右差距	10 年左右差距
海洋微生物来源候选药物临床前研究	国内领先	10 年左右差距
海洋动植物来源药物临床试验	5 年左右差距	10 年左右差距
海洋微生物来源药物临床试验	国内空白	10 年左右差距

"海洋药物研发体系" 关键技术的主要优势单位,广东省有南方海洋科学与工程广东省实验室、中国科学院南海海洋研究所、中山大学,省外有青岛海洋科学与技术试点国家实验室、中科院上海药物研究所、武汉大学等。

在科技部国家重点研发计划、广东省级促进海洋经济高质量发展专项和广东省重点研发计划等项目支持下,南方海洋科学与工程广东省实验室、中国科学院南海海洋研究所、中山大学等单位逐渐构建起海洋药物研发体系,特别是海洋微生物来源药物先导化合物成药性评价具有国内领先地位,如中科院南海海洋研究所在工程改造后的深海放线菌来源抗结核活性的怡莱霉素 E、抗肾癌粉蝶霉素 GPA,以及中山大学发现的海洋微生物来源蒽环类化合物 SZ-685C、放线菌素类化合物 LV-1 等靶向抗肿瘤候选药物,正在进行临床前研究,具有较好的药物开发前景。

6. "海洋微生物新型生物酶高效利用" 关键技术

"海洋微生物新型生物酶高效利用" 关键技术的核心内容和竞争力分

析见表8。

表 8 "海洋微生物新型生物酶高效利用"关键技术

关键技术	国内竞争力	国际竞争力
海洋微生物功能菌株选育技术	基本一致	接近国际水平
海洋微生物生物酶筛选分离技术	基本一致	接近国际水平
海洋微生物酶促水解技术	基本一致	接近国际水平
功能肽定向制备技术	基本一致	1-2 年差距
海洋生物酶制剂工程化应用及产业化	基本一致	接近国际水平

"海洋微生物新型生物酶高效利用"关键技术的主要优势单位，广东省有中国科学院南海海洋研究所、华南理工大学、广东海大集团股份有限公司，省外有青岛海洋科学与技术试点国家实验室、中国海洋大学等。

中国科学院南海海洋研究所"热带海洋微生物新型生物酶高效转化软体动物功能肽的关键技术"成果获得 2014 年国家技术发明奖二等奖。针对海洋软体动物的高效利用，从海洋发掘产酶微生物新属种；创制新型生物酶；发明功能肽的定向酶解新技术；发明营养免疫新型功能肽和珍珠角蛋白的定向制备及改造技术；创建功能肽评价模型，发掘肽的新功能，实现了海洋功能肽定向制备技术的工程化应用。新技术解决了相关领域的世界级难题，获国内外同行高度评价，达到国际领先水平，推进了行业技术进步，新技术海洋精细加工珍珠产品市场份额国内领先，推动企业的渔用饲料年销售量达世界第一。

7. "海洋蛋白肽发掘与生物制品研发"关键技术

"海洋蛋白肽发掘与生物制品研发"关键技术的核心内容和竞争力分析见表9。

表 9　"海洋蛋白肽发掘与生物制品研发"关键技术

关键技术	国内竞争力	国际竞争力
海洋生物活性蛋白肽发现和功效评价	国内领先	基本一致或接近
海洋生物活性肽构效关系和药动学	3 年左右差距	5 年左右差距
海洋生物活性肽结构–活性数据库	国内空白	3 年左右差距
海洋生物蛋白肽活性原料酶解制备、感官指标优化和稳态化技术	基本一致	接近国际水平
海洋生物活性肽检测分析和规模化制备	3 年左右差距	5 年左右差距
海洋生物活性肽化学合成和异源表达	3 年左右差距	5 年左右差距
蛋白肽原料安全性控制技术	基本一致	3 年左右差距
活性肽与生物制品协同增效复配技术	基本一致	3 年左右差距
活性肽制品的快速研发技术	国内领先	3 年左右差距

"海洋蛋白肽发掘与生物制品研发"关键技术的主要优势单位，广东省有中国科学院南海海洋研究所、广东海洋大学、佛山科学技术学院，省外有大连工业大学、上海海洋大学、中国海洋大学等。

中国科学院南海海洋研究所依托海洋生物化妆品院士工作站和广东省海洋生物化妆品与新材料工程技术研究中心，率先将海洋贝类活性肽应用于"源海"和"安安金纯"2 个系列化妆品。技术应用使产品抢占市场先机，销往国内外，并获得了良好的经济效益，促进企业成长为高新技术企业。以促进泌乳章鱼蛋白肽为核心功能成分，多元营养科学复配，与深圳太太药业和喜悦实业有限公司共同开发孕期营养补充食品 1 款和产后促进泌乳营养食品 1 款，均已上市销售，取得较好的经济效益。相关专利"一种含有海洋贝类活性肽的化妆品及其制备方法和应用"先后获得 2016 年广东省专利奖金奖，2017 年中国专利优秀奖以及 2018 年国际发明展览会金奖。广东海洋大学"大宗低值蛋白资源生产富含呈味肽的呈味基料及调味品共性关键技术"成果获 2009 年国家科学技术进步奖二等奖。

8. "海洋生物功能材料研发" 关键技术

"海洋生物功能材料研发" 关键技术的核心内容和竞争力分析见表 10。

表 10　"海洋生物功能材料研发" 关键技术

关键技术	国内竞争力	国际竞争力
海洋多糖创面修复材料研发	国内领先	3 年左右差距
海洋骨修复材料研发	国内领先	国际领先
海洋源 3D 打印组织结构精准构建	国内领先	国际领先
海洋仿生生物材料	国内领先	基本一致或接近
耐海洋腐蚀和污损的新型合金和防护涂层	3 年左右差距	5 年左右差距

"海洋生物功能材料研发" 关键技术的主要优势单位，广东省有中国科学院深圳先进技术研究院、暨南大学、南方医科大学、华南理工大学等，省外有中国海洋大学、青岛明月海藻集团有限公司、青岛聚大洋藻业集团有限公司等。

中国科学院深圳先进技术研究院在海洋生物和功能材料方向，主要针对海洋多糖创伤修复材料、海洋无机骨修复材料和海洋仿生材料等方面具有雄厚的研究积累，申请相关专利 50 多项，形成了高纯 EPA 心血管药物，可注射骨水泥，止血抗菌创面敷料，3D 打印组织支架等新材料，在深圳市高交会上进行了展示，其中利用海藻酸钠进行 3D 打印的具有功能的卵巢入选 "高交会十大人气产品"。研究团队将研究成果进行产业转化，稳健医疗建立了针对创面修复敷料转化的企业联合实验室，建立了华南生物医用材料与植入器械创新示范基地项目，孵化了深圳市中科海世御生物科技有限公司、深圳市海优康生物科技有限公司、深圳市中科摩方科技有限公司和华南生物医用材料有限公司。

9. "海洋水产精深加工" 关键技术

"海洋水产精深加工" 关键技术的核心内容和竞争力分析见表 11。

表 11　"海洋水产精深加工"关键技术

关键技术	国内竞争力	国际竞争力
海藻精深加工关键技术的研究与应用	国内领先	国际领先
海洋鱼油深加工技术	国内领先	3 年左右差距
海洋水产品保活运输系统	国内领先	3 年左右差距
贝类加工技术及新产品开发	国内领先	3 年左右差距
海洋鱼胶原低聚肽为原料的精制加工技术	3 年左右差距	5 年左右差距
海洋食品精深加工关键技术	国内领先	3 年左右差距

"海洋水产精深加工"关键技术的主要优势单位，广东省有广东海洋大学、暨南大学、中国科学院南海海洋研究所，省外有大连工业大学、上海海洋大学、中国海洋大学等。

广东海洋大学突破的鱼、虾、贝保活技术与冷冻调理食品加工技术在全国 20 余家企业进行了应用，产生经济效益 30 亿元以上；研发的"水产蛋白高值化利用技术"引领了行业发展，培育了 3 家广东省高新技术企业。暨南大学主持开发的"大型海藻综合开发及应用"项目首次系统全面建立了海藻多糖活性评价体系，通过科技成果评价，技术总体达到了海藻行业中的国际先进水平，为南海大型海藻的现代化综合产业化利用提供了科学依据和技术支持。中国科学院南海海洋研究所与丹姿集团共同成立联合研发中心，联合申报的项目"海藻功能性化妆品（药妆）的应用研究与开发"顺利通过验收；研发技术应用于海洋源萃系列新产品 12 个，研发新资源海藻的化妆品基质原料工艺 5 项，建立相关产品企业标准 5 项等，科研成果斐然，真正实现了智慧、科技与产业的有效对接。

（五）广东省海洋生物产业相关成果储备

立足于以上关键核心技术，广东省海洋生物领域在海洋功能生物资源挖掘、海洋药物研究和开发、海洋健康产业和生物制品研发、海洋水产品加工等方面取得了显著的代表性成果，是海洋生物产业发展的引擎和动力。

1 海洋生物资源调查研究和挖掘利用

广东省对我国南海海洋生物资源的调查和利用研究具有历史优势。早在20世纪20年代，中山大学开展了南海近岸渔业资源调查研究和西沙地质和生物资源调查。20世纪50年代末以来，中科院南海海洋研究所在南海及其附属岛礁开展大型海洋科学考察。现在中科院南海海洋研究所和中山大学等单位拥有一系列大型海洋科学考察船和成熟的海洋生物资源调查平台，在海洋（特别是南海）生物资源调查和挖掘等方向取得了国内领先的基础研究成果，掌握了我国（特别是南海）丰富的海洋生物资源，为海洋生物医药产业的发展提供资源和技术保障。目前中山大学已经建成国内样品储量最大的海洋生物天然产物化合物库。中山大学将投资4.1亿元建设海洋生物资源库，包括海洋生物基因资源库、海洋种质资源（活体）库、海洋生物化合物库及信息中心，建设周期为5年。中科院南海海洋研究所累积保藏了海洋微生物样本2万余株，已经构建了亚洲最大的海洋放线菌菌种资源库，构建了特殊的产生物酶活性菌种资源和抗菌抗肿瘤等活性的药用微生物资源库等，为海洋微生物活性与功能物质的可持续利用奠定坚实的基础。中科院南海海洋研究所针对具有重要经济价值的海洋微藻，建立了最大保藏容量可达2 000株、现存量1 100余株、设施功能齐全的广东省经济微藻种质资源库，聚焦于藻种资源经济价值的挖掘，已经建成了华南地区规模最大的海水藻种库。

2 海洋生物活性物质和海洋药物研发

20世纪70年代，中山大学化学院龙康侯教授开始研究南海珊瑚等海洋生物的药用活性成分，可以称为是中国海洋天然产物化学的开拓者之一。1987年国家教委对中山大学"南海海洋生物中次级代谢产物及其生理活性物质的研究"授予科技进步一等奖；1989年国家科委对"南海珊瑚化学成分及其生理活性的研究"授予国家自然科学奖三等奖。中科院南海海洋研究所的成果"海洋生物活性物质及其高值化利用"获得2007年度国家科技进步二等奖。此外，暨南大学防治帕金森症的海洋真菌来源Xyloketals、海藻来源抗肿瘤环肽 GLD 等均具有较好的成药性。海洋微生物药物研究已处于全国领先地位。

中科院南海海洋研究所鞠建华团队的成果"热带海洋微生物药源分子勘探及其形成机制"获得了 2021 年度广东省自然资源科学技术奖一等奖。该研究聚焦我国南海，印度洋独特、丰富的微生物新资源，突破了海洋难培养微生物的纯培养方法，从海洋沉积物等样品中分离、鉴定了海洋微生物 10 463 株，构建了热带海洋微生物菌种资源库，储备了一批战略生物资源。建立了基于活性−化学−基因信息的药物先导化合物的发现平台，突破了结构新颖活性先导化合物高效发现的瓶颈，发现了具有抗感染、抗肿瘤等活性天然产物 1 200 余个，优选出抗疟、抗病原菌、耐药菌感染和抗肿瘤药物开发的先导化合物 27 个。开发了热带海洋微生物组合生物合成技术，阐明了格瑞克霉素、替达霉素等 20 余种活性代谢产物的生物合成机制，揭示了咔啉碱合成酶、1−半乳糖变位酶等 26 种新颖生物合成酶的功能，构建了新结构衍生物 53 个（17 个活性显著提高），为创新药物的研发提供了活性更佳、毒性低的先导化合物。

3 海洋健康产业和生物制品研发

在海洋健康产业和生物制品研发方面，广东省在海洋生物蛋白肽、糖类、油脂等功能大分子的发掘和作用机制，以及功能性原料的精准制备等关键技术具有国内领先的优势，科研单位和企业产学研合作，在技术转化和成果开发方向成果突出。

中科院南海海洋研究所"热带海洋微生物新型生物酶高效转化软体动物功能蛋白肽的关键技术"获得 2014 年国家技术发明二等奖；"一种含有海洋贝类活性肽的化妆品及其制备方法和应用"获广东省专利奖（金奖，2016 年），第十九届中国专利奖（优秀奖，2017 年）及国际发明展览会金奖等。成果技术的应用和推广，使广州市祺福珍珠加工有限公司的海洋精细加工珍珠产品迅速占领国内市场份额 40%，广东海大集团股份有限公司的海水渔用饲料产品年销售量牢牢占据世界第一的位置。与企业合作研发一系列海洋生物制品，包括：国家药准号新药"海珠口服液"、辅助调节血脂保健食品"舒通诺"、海水螺旋藻片剂产品"海怡康"、抗风湿性关节炎产品"海精灵"、高纯度藻胆蛋白荧光试剂、岩藻黄素和藻蓝等天然藻类色素、"大佑生宝海参口服液"（广州市欢乐海洋生物技术创新发展有限公司）；抗肿瘤藻蓝蛋白制品；海洋生物蛋白粉系列女性健康食品（深圳太太药业）；"源海"系列化妆品（佛山市安安美容保健品有限公司），"水密码"等知名品牌产品的"海洋源萃"和"海藻盈润"系列产品（广东丹姿集团）。

中科院南海海洋研究所"南海特色海洋生物活性肽关键技术开发与产业化应用"研究成果荣获 2020 年广东省科技进步奖二等奖。该研究在海洋生物活性肽发掘与高值化利用关键技术上取得了多项创新突破，原创性地提出新型肽和糖功能原料的快速筛选技术，研究明确新营养健康效应及机制，系统集成多用途高品质功能肽原料规模化定向制备成套技术，并应用创制系列新型海洋生物制品，实现了"海产功能肽发掘应用基础研究、高品质功能肽原料制备、终端产品创新研制和市场销售"完整自主产业链搭建和良性运转，取得显著的经济和社会效益，对提升我国海洋生物健康产业的竞争力，加快建设海洋强国和保障国民健康作出了新的贡献。

中国科学院深圳先进技术研究院在海洋多糖创伤修复材料、海洋无机骨修复材料和海洋仿生材料等方面具有雄厚的研究积累，形成了可注射骨水泥、止血抗菌创面敷料、3D 打印组织支架等新材料。研究团队将研究成果进行产业转化，建立了针对创面修复敷料转化的企业联合实验室，建立了华南生物医用材料与植入器械创新示范基地项目，孵化了深圳市中科海世御生物科技有限公司、深圳市海优康生物科技有限公司、深圳市中科摩方科技有限公司和华南生物医用材料有限公司。有关海洋骨水泥的研发，目前生物活性骨水泥产品已经通过了在四川医疗器械生物材料和制品检验中心进行的理化性能检测和生物安全性国家标准检测，形成了 CFDA 认可的技术要求文件，正在准备临床试验和申报医疗器械注册。同时，团队成立了深圳市中科海世御生物科技有限公司，进行骨水泥及相关骨科医疗器械成果转化。申请骨水泥生物材料相关 PCT 专利 1 项，中国专利 6 项，其中已授权 2 项。

湛江市是国家海洋高技术产业基地 8 个试点之一，近年来借助国家"蓝色经济"战略，湛江市海洋生物医药产业呈现出快速发展态势。建有广东省高新技术产业区——奋勇高新区，拥有 11 个海洋生物食品与医药企业；建有中国南方最重要的海洋产业示范园，重点培育海洋生物医药和生物功能食品、海洋生物制品等产业，孵育海洋生物医药和生物制品公共研发平台。在海洋生物制品研制上，培育出国联水产集团、广东恒兴水产集团有限公司、亚洲海产（湛江）有限公司、中联水产（湛江）有限公司等对虾、海蜇、扇贝、珍珠贝海洋生物制品加工企业；在海洋生物医药产业方面，拥有 30 余家海洋生物医药企业，包括双林生物制药、同德药业、南国药业以及科利恩生物等企业，主要产品代表有螺旋藻、海赐康、珍珠蜂皇浆、鲎试剂、甲壳素、几丁聚糖、海洋药物酒等。新进的首个广东省新型研发机构——广东湛江海洋医药研究院，研制出了治疗器官纤维化的麒麟菜多肽 EZY-1 成药单体、防治肺纤维化的麒麟菜多肽口服液、海藻系列日化用品、海水稻系列功能食品、用于骨损伤修复的海洋多孔骨组织修复材料等产品，产业化前景广阔。湛江市鲎试剂生产企业在全国市场中占据 80% 以上的份额。

深圳华大海洋科技有限公司联合研发出"清风健胶囊"（优秀的降尿酸功能）、海马酒等小试产品，在市场获得良好的反馈。广州蓝钥匙海洋生物工程有限公司，围绕海洋功能（保健）食品以及海洋机能食品、海洋药物，开发了 3 个系列共 9 种海洋保健品，用于改善肠胃功能、调节代谢功能和缓解衰老等功能。产品进入市场后，市场反馈热烈。据报道，活谓素牌得而乐胶囊等 6 种产品经中国中医药管理局审评，已被列入"中国中医药科技开发交流中心科技成果推广项目"，并获得广东省高新科技产品证书。深圳海王药业有限公司，从牡蛎精粉提取物中研制、开发海王金樽片和海王金樽牡蛎大豆肽肉碱口服液，用于解酒与护肝。2015 年海王集团成功收购三亚海王海洋生物，逐步加大对海洋生物制品研发和生产的投入。广东昂泰连锁企业集团有限公司，率先以鳗鱼为突破口，后又将研究领域扩展到甲鱼、鳄鱼和珍珠，从"三鱼一珠"体内提取出具有双向调节身体机能和均衡营养作用的有效活性物质，制成的昂泰系列产品分别具有调节血脂、改善记忆、防止痴呆、免疫调节、抗疲劳、预防肿瘤、调节内分泌、护肤美容等保健作用。广东兴亿海洋生物工程股份有限公司与中科院南海海洋研究所、水产科学院南海水产研究所等科研院所合作，在海洋动物蛋白肽利用方面逐年加大研发投入，研究成果"热带海洋软体动物功能蛋白肽的关键利用技术及其产业化"获得 2012 年广东省科学技术一等奖荣誉，开发了金枪鱼肽等为原料的"兴亿海洋""兴亿高""别通风""立解通""聚馥食材"等 10 多个品牌系列产品。佛山市安安美容保健品有限公司，率先制备并应用海洋贝类活性肽开发自主知识产权化妆品，开发"源海""安安金纯"系列海洋生物化妆品。

海马是一种经济价值很高的小型海洋鱼类，既是海水观赏鱼市场的畅销品种，更是珍贵的传统中药材。中医药理论实践和现代科学都已证实海马的诸多药效功能，海马产业未来有望成为海洋生物大健康产业的支柱型产业。每年有超过 2 000 万条海马在国际贸易中流通，绝大多数以干品形式流入东亚或东南亚药材市场。全球野生海马资源因过度捕捞和生境破坏已濒临崩溃，所有的海马种类均已被列入了《濒危野生动植物国际贸易公约》（CITES）附录 II 和《世界自然保护联盟（IUCN）濒危物种红色名录》。我国是世界上最早发展海马养殖产业的国家，已有 60 年历史，从粤东地区逐渐扩展到全国沿海地区。特别是近 10 年来，随着美国线纹海马、澳洲膨腹海马等新品种的引进成功，海马养殖产业开始爆发性增长，海马最大年产量超过 1 亿尾，养殖厂家超过 300 家，其中以广东和福建两省的海马养殖产业最具规模。与海马养殖产业迅速发展相比，海马下游产品加工产业链条仍然处于较为粗放原始，海马下游产业的疲弱阻碍了海马养殖产业的持续壮大，导致海马产业链条始终未能进入良性发展阶段。少部分干制海马直接进入药厂加工成各类中成药，大部分海马未经加工，直接进入消费者手中，产品药效功能不能完全发挥，品质良莠不齐，缺乏标准与监管。因此，破除发展海马下游产业的技术壁垒和政策阻碍，加强海马养殖产业的健康稳定发展，将有助于海马大健康产业的崛起，助力广东省海洋生物产业不断壮大。

根据本编写组对广东省中医院大学城分院调研表明，2019 年该院海洋相关中药使用量由多到少依次为：牡蛎、海螵蛸、珍珠母、石决明、蔓荆子、海蛤壳、昆布、瓦楞子、海藻；2020 年情况为：牡蛎、海螵蛸、珍珠母、石决明、蔓荆子、昆布、瓦楞子、海蛤壳、海藻。从 2 年使用来看，牡蛎、海螵蛸、珍珠母为常用品种；石决明、蔓荆子、昆布、瓦楞子、海蛤壳、海藻为次常用品种；海浮石为少用量品种，其余品种如海马、海星、玳瑁、珊瑚、珍珠、紫菜、海胆、海龙、木麻黄等在该院尚未使用。

据《广东海洋经济发展报告（2020）》，当前广东省海洋生物产业发展快速，产业集聚度不断提升，海洋生物技术研发、海洋生物医药制备等高结构层次、高附加值的产业主要集中于广、深等珠三角地区，而海洋渔业、海洋水产品加工等传统产业则聚集于粤东和粤西地区。初步形成了以广州、深圳、湛江、珠海等地为重点产业集群，沿海城市全覆盖的发展格局。海洋生物产业链条齐全，具有完善的渔业捕捞、种苗繁育、健康养殖、海洋生物新种质资源挖掘等产业的上游产业链，有成熟的海产品精深加工和海洋生物活性物质提取技术的中游产业链，以及拥有海洋医用食品、海洋功能性食品、化妆品与精细化工产品、生物材料等的下游产业链。市场活力持续增强，全省新注册从事海洋生物技术研发、生产或服务的企业有247家。技术研发水平进一步提升，全省累计有143家海洋生物医药企业申请了专利，中国（珠海）海洋功能性食品创新研发中心等平台建设取得重大进展。

4　海洋水产加工水平不断提高

海洋水产加工产业发展较好，行业积极开发新产品，推广应用新技术，通过组织来料加工，引进技术和设备，进行技术改造，提高了整个行业的技术水平，带动了加工技术的进步。据《2020 中国渔业统计年鉴》显示，2019 年广东海水加工品总量达到 105.7 万吨，位列全国第五，表明全省企业在管理、技术装备和产品开发的水平不断提高，进一步改善了生产条件，提高水产品加工水平和效率。产业发展过程中，培育出国联水产集团、广东恒兴集团有限公司等大批具有行业影响力的知名企业，其中广东恒兴集团更被评为 2018 年世界百强水产企业。在海洋水产品精深加工中，广东润科生物工程股份有限公司开发了系列海洋微藻不饱和脂肪酸营养强化剂产品，年产值超过 2 亿元，产品应用于国内多家食品企业，并出口欧美等国际市场。

三、广东省海洋生物产业发展规划与前景

（一）广东省海洋生物产业发展优势

1 政策优势

海洋经济作为我国经济发展的重点之一，其持续不断的壮大能一定程度缓解我国资源瓶颈、促进国内产业结构调整、推动技术创新，尤其是海洋生物产业对海洋经济的发展具有重要意义。国家发改委与国家海洋局联合出台的《全国海洋经济发展"十三五"规划》指出，海洋生物医药产业作为海洋新兴产业要极力培育壮大，重点支持具有自主知识产权、市场前景广阔、健康安全的海洋创新药物，开发具有民族特色用法的现代海洋中药产品。重点发展药物酶、工具酶、工业用酶、饲料用酶等海洋特色酶制剂产品，以及微生态制剂、饲料添加剂、高效生物肥料等绿色农用制品、海洋生物基因工程制品以及海洋功能食品。广东省作为我国海洋经济重点发展省市，海洋经济总量名列前茅，为促进广东省海洋经济高质量发展，省政府在《广东省海洋经济发展"十三五"规划》中对加强海洋生物产业技术创新提出了相关的规划和布局，旨在加强广州、深圳国家生物产业基地建设，打造中山国家健康科技产业基地、华南现代中医城以及珠海生物医药科技产业园，同时依托广州黄埔、深圳坪山等地生物医药项目，搭建海洋生物医药技术支撑平台。在一系列政策的推动下，广东海洋生物产业将得到空前发展，市场发展前景广阔。

广东省政府设立了"广东省级促进海洋经济高质量发展专项资金"，用于支持海洋生物产业在内的六大海洋新兴产业的发展。据相关数据显示，2018—2022年专项资金对海洋生物产业共资助63个项目，资助经费达1.75亿元，对百余家海洋生物相关企业、高校及科研机构提供有力支持。从18个2018年立项的海洋生物项目的结题验收情况看，这些海洋生物项目取得了重要的成果。包括：完成了2条灭活疫苗制品生产线的建设；完成了12个重要海洋病原生物核酸的恒温荧光法检测试剂盒的标准备案；

形成了海洋病原生物新型核酸检测技术，基于适配体的胶体金试纸条技术，12 种重要海洋病原生物新型核酸诊断产品，水生动物疫病恒温荧光检测仪等技术和产品；完成了新型海洋候选药物怡莱霉素 E 生产菌株的规模化发酵优化和质量控制及快速制备；初步建立起一套虾壳高值利用酶解加工工艺；完成发明专利 54 项，技术标准 14 套，新产品、新技术、新装备 42 项。显著提升了广东省海水鱼养殖的科学水平和水产品品质，提升了我国海洋微生物海洋药物研发水平，为我国海洋药物研发体系提供技术支撑。

2021 年 8 月，湛江市科技局围绕海洋装备和海洋生物产业，遴选出 7 项"揭榜挂帅"制人才团队项目需求，并正式公布了这份榜单。单个项目最高总投入为 800 万元。张榜项目中既有涉及水产品种的，如凡纳滨对虾新品种、南美对虾育种中心、石斑鱼种质创新，也有研发及产业化示范的，包括用于皮肤修复的鱼皮提取物、无抗功能性饲料、深远海养殖网箱网衣系统、海洋水产动物肠道功能微生物制剂等。湛江市希望通过"揭榜挂帅"制人才团队项目实施，突破一批制约企业、产业发展关键核心技术的同时，通过引进一批高层次产业人才，培育海洋管理人才、海洋生物以及海洋高端装备业技术人才，为湛江海洋产业振兴输送更多优秀人才，实现湛江海洋产业人才链、创新链与产业链高度融合，推动湛江甚至广东省蓝色经济发展迈入新阶段。

2 科技优势

据《广东省海洋经济发展报告（2020）》显示，广东省海洋生物产业技术研发成效显著。依托中科院南海海洋研究所、中山大学、广东海洋大学等科研机构与平台，在海洋生物领域取得长足的进展，尤其是海洋功能生物资源挖掘、海洋天然产物和海洋药物研发、海洋微生物新型酶和海洋蛋白肽的生物制品研发，以及海藻和鱼油等海洋水产品精深加工技术处于国内领先地位，部分技术接近或达到国际先进水平。启动南方海洋科学与工程广东省实验室建设，形成以企业为主体，产学研紧密结合的海洋科技创新体系，带动超过 40 亿元社会资本投入海洋科技创新领域，有 52 项创新成果得到转化应用。在广东省政府的主导下，以广州为中心的珠三角产业区，具有众多高校和科研单位，如中山大学、中科院南海海洋研究所等知名机构，拥有较为扎实的科技基础和研究成果，并形成一套相对完整的相关科技人才培养体系。此外，以湛江为中心的粤西产业区，海洋生物产业的发展已经初具规模，有广东医科大学、广东海洋大学等机构为海洋生物产业提供技术支持。同时，中山大学与湛江市政府共建的"海洋生物科技创新中心"，向湛江市引入科技资源，并针对湛江市区域的需求，对其推荐相关科技成果和科技项目，开展各种产学研活动，加大组织技术攻关与转化。

3 社会和产业优势

广东省整体资产规模、产业化和市场化等方面具有一定的优势，海洋生物产业正呈现出蓬勃的发展态势。与国内其他地区相比，广东拥有相对健全的市场经济体制，经济发达，社会资本强盛。根据《中国区域创新能力评价报告 2021》显示，2021 年广东区域创新能力得分为 65.49，连续5 年排名全国第一。该成果与广东省积极推进海洋生物技术和产业化进程，聚集了一批优秀的海洋生物技术研究人才密不可分。随着广东省海洋产业化规模的壮大和创新能力的加强，海洋生物产业更是涌现出一批如深圳华大海洋科技有限公司、深圳海王集团股份有限公司、广东恒兴集团有限公司等优秀企业，建设了一批集研发、中试、产业化为一体的海洋生物相关高新技术园区。此外，"广东省级促进海洋经济高质量发展专项资金"的实施，有效地提升了广东省海洋生物产业的自主创新能力和竞争力，并产生良好的社会资本带动效应。譬如，海洋脂类与糖类转化酶的研制与产业化，在项目实施期内预计销售额约 1 000 万元，实现在 10 个企业示范推广；华南近海浮游动物智能鉴定识别系统的应用，预期社会经济价值4 000 万元。

（二）广东省海洋生物产业发展瓶颈分析

随着海洋生物产业规模的不断扩大，广东省从事海洋生物产业的队伍也不断增加，但经过多年的发展，广东省海洋生物产业的发展仍以海洋渔业及其加工业为主，其余产业未展现高附加值优势，虽然有一定规模，但产业发展仍处于孕育期，需要各级政府和企业加大引导性投入，加速跨越孕育期，实现高质量高附加值快速发展。

1 海洋生物产业结构和层次亟待提升

海洋生物产业总体上仍处于渔业等传统产业为主的阶段，海洋生物医药等极具发展潜力的科技新兴产业虽然发展很快，但总体规模较小，发现的可供开发利用的生物品种较少，与庞大的海洋生物资源储量很不相称。此外，产业发展的集中度仍较低，虽然整体呈上升趋势，但是多以生产单一品种为主，企业规模小且产业结构雷同，产品研发能力薄弱，使得广东省海洋生物产业产品出现差异化程度低、附加值低、技术含量不高等问题。

2 科技水平相对落后，人才队伍结构有待加强

海洋科技力量主要集中在海洋水产、海洋环境方面，支撑海洋新兴产业发展的科研力量不足，尤其是海洋生物制品和海洋医药领域，从业人员数量较少。以海洋生物医药为例，目前我国海洋生物医药专业技术人员比例不足1%。海洋生物相关企业中高素质人才不足，阻碍各企业的技术研发与市场开拓，同时企业间的空间联系不足，限制技术上的合作与创新。此外，许多方面与国外相比还处于技术相对落后、附加值相对较低，开发利用程度不够等阶段，企业作为技术创新的主体地位尚未形成，关键技术自给率低，目前技术投入的主体仍以政府为主。

3 政府作用未充分发挥，专项政策不足

2020年广东省海洋生产总值为1.72万亿元，连续26年位居全国首位。但海洋生物产业等高新技术产业产值却排在山东、辽宁等之后，可见广东省对该产业的发展支持力度有待提升。此外，广东省对于海洋生物产业的政策重视程度亟待提高，针对海洋生物产业没有单独出台相应的战略性发展规划，促进产业发展的激励政策或措施只是隐含于海洋经济发展规划当中，这与海洋生物产业及创新主体对政策的诉求不相符合。其次，海洋生物产业属于知识密集型产业，产业所应遵循的相关规定、标准大多是二三十年前制定的，并且多数是基于陆源生物的，涉及海洋生物产业的专

项政策甚少，在一定程度上制约了相关产业的发展。

4 公共服务平台能力弱，产学研结合不完善

与产业化发展需求相比，现有的海洋生物科技研发平台功能仍然显得单一，缺乏海洋生物领域的国家实验室和国家重点实验室等重要平台。在海洋药物方向，虽然广东已设立省海洋药物重点实验室，但其海洋药物研发偏重于基础研究和个别环节的研发，工程化、集成化程度低，公共服务能力薄弱。海洋生物医药行业的发展规模仍然很小，产学研结合不紧密，知识产权保护滞后。另外，中试环节投入不足，也严重制约了海洋高新技术成果的有效转化。由于海洋生物科技产业自身的属性及技术研发难度大，具有投入高、回报周期长的特点，大多数企业在海洋生物开发领域仍然持观望态度，在企业发展方面没有形成一定规模。同时，科研机构与企业间的联系不足，企业、行业间的最新动态和需求未能及时反映给相关科研机构，造成科研机构对于市场需求掌握不足，研发针对性不强。由于缺乏完善有效的合作机制与平台，导致行业间产学研结合不完善，降低了科技成果向生产力转化的效能。

5 企业龙头效应弱，产业集群效应不显著

建立龙头企业并发挥企业龙头效应，能加快形成产业集群，同时产业集群的发展也能促进企业龙头效应。广东海洋生物产业体量较大，产值虽位于全国前列，但行业的龙头企业总体相对较少，未能与小型企业间产生有效互补，并构筑完善的产业生态环境。此外，省内产业发展较为分散，导致在空间上难以形成企业的聚集效应，产业的空间联系少，更是阻碍了技术上的合作与创新，龙头企业必然更难发挥带头效应。

（三）广东省海洋生物产业相关的"十四五"规划和布局

1 《广东省海洋经济发展"十四五"规划》中海洋生物产业相关规划和布局

2021年9月30日，广东省人民政府办公厅印发了《广东省海洋经济发展"十四五"规划》（粤府办〔2021〕33号）。规划中提出，以打造海

洋产业集群为抓手，构建具有国际竞争力的现代海洋产业体系，构筑广东产业体系新支柱。加速发展海上风电、海洋工程装备、海洋药物与生物制品、天然气水合物、海洋可再生能源、海洋新材料制造、海水综合利用等七大海洋新兴产业，推动海洋油气化工、海洋船舶、海洋交通运输、现代海洋渔业等四大传统优势海洋产业转型升级，优化拓展海洋旅游、蓝色金融、航运服务等三大海洋服务业，激发海洋产业数字化新活力。重点打造海上风电、海洋油气化工、海洋工程装备、海洋旅游以及现代海洋渔业等5个产值千亿级以上海洋产业集群。

规划中提出，要打造2~3个海洋生物医药等产业的海洋高端产业集聚示范区，重点示范海洋产业结构优化升级、产业链协同发展、涉海投融资体制机制创新等内容，形成一批世界一流的企业、国内领先的品牌和行业标准。

（1）加速发展海洋药物与生物制品业

发展具有自主知识产权的海洋生物技术，重点开展海洋生物基因、功能性食品、生物活性物质、疫苗和海洋创新药物技术攻关。鼓励开发海洋高端生物制品和海洋保健品、海洋食品，支持替代进口的海洋药物技术和产品。加快培育海洋生物医药龙头企业。完善生物医药产业研发、中试、检测检验、应用、生产及反馈链条，重点搭建海洋生物产业服务平台，推动海洋生物医药成果加快落地。鼓励开展海洋生物医药生产工艺技术研究，打造创业创新基地示范中心。

以广州、深圳国家生物产业基地为核心，加快广州南沙国家科技兴海示范基地、深圳国际生物谷大鹏海洋生物园、坪山生物医药科技产业城建设。推动珠海国际健康港和粤澳合作中医药科技产业园、中山健康科技产业基地、佛山南海生物医药产业基地等建设。支持粤东、粤西地区海洋生物产业集聚发展。

建设海洋生物医药中试平台和海洋生物基因种质资源库，加快广州、深圳、湛江等地海洋生物医药研究技术管理平台和创新孵化器建设。

重点开展基于生物技术和基因工程的抗肿瘤、抗新冠病毒、抗心血管疾病等海洋生物药物研发；海洋生物来源的多糖、肽类生物制品和功能性食品的深度开发和成果转化；海洋（微）生物来源创新药物研发关键技术突破和成药性评价；海洋生物来源油脂、生物毒素等功能分子的生物制品关键技术突破和产品研发；海洋生物高效疫苗研发及成果转化。

（2）打造现代海洋渔业产业集群

高质量建设"粤海粮仓"，发展标准化养殖，建设智能渔场、海洋牧场，加快形成产值超千亿元海洋渔业产业集群。聚焦种业"卡脖子"关键问题，实施"粤种强芯"工程，实现建设水产种业强省目标。持续推进深水网箱养殖，以抗风浪网箱养殖为纽带形成深水网箱制造、安置、苗种繁育、大规格鱼种培育、成鱼养殖、饲料营养、设施配套等环节的产业链条，实现规模化、集约化、产业化经营。支持建设50个深水网箱养殖基地、20个海洋牧场和一批水产绿色健康养殖示范基地。重点建设饶平、徐闻等17个渔港经济区，完善渔港配套设施。规范有序发展远洋渔业，统筹远洋捕捞作业区开发与海外综合性基地建设，加快深圳国家远洋渔业基地（国际金枪鱼交易中心）项目建设。培育若干渔业龙头企业和一批渔业产品知名品牌，大力发展海产品精深加工，延伸海洋渔业链条，提高海产品附加值。完善水产品冷链物流体系，提升专业水产品检验检疫水平。

在粤西建设对虾、名优海水鱼类、珠母贝良种场及养殖基地；在粤东建设鲍鱼、石斑鱼类、鲷科类良种场及养殖基地。

建设一批深水网箱养殖示范基地，构建智能化渔业资源养护和新兴海基养殖平台。推广重力式深水网箱、桁架类大型网箱、船型类大型养殖装备3类深远海智能养殖模式，探索"深远海养殖+风电""深远海养殖+休闲海钓""深远海养殖+运输加工"3类产业融合发展新模式。引导建设湛江、阳江和江门等深海网箱产业集聚区。

大力发展海产品精深加工，打造特色水产品精深加工集群。在湛江、茂名、阳江、江门、汕头、潮州等地建设一批高水平水产品精深加工园区。

建设饶平、南澳岛、汕头海门、揭阳、陆丰、汕尾（马宫）、惠州-深圳、珠江口、珠海、江门、阳东、海陵岛-阳西、茂名、湛江湾、遂溪-廉江、雷州和徐闻17个渔港经济区。

鼓励应用新型电商平台和销售模式，积极培育大型水产网络交易平台。建设一批设施先进、功能齐全、服务完善、管理规范、辐射力强的水产品批发市场。

建设水产品质量检测中心，完善水产品溯源系统。

2　地方海洋生物产业相关规划和布局分析

随着《广东省海洋经济发展"十四五"规划》的发布，广州、深圳、珠海、湛江等地方和省内沿海城市也逐渐发布相关海洋生物产业的相关规划和布局。

广州正在编制的《广州市海洋经济发展第十四个五年规划（2021—2025 年）》中指出，广州正在加快培育海洋生物医药等海洋新兴产业，为海洋经济发展增添新动力。《广州市南沙区战略性新兴产业发展"十四五"规划》中指出，将生物医药与健康产业打造成为广州市南沙区的新兴支柱产业，要依托南沙科技兴海基地、海洋科研机构和海洋制药企业，重点发展海洋生物医药与制品等领域的创新药与高端生物仿制药研发制造。

《深圳市国民经济和社会发展第十四个五年规划和二〇三五年远景目标纲要》公布，其中设有"加快建设全球海洋中心城市"专节，指明全球海洋中心城市建设的方向。其中包括：深圳"十四五"时期要大力发展海洋生物医药等海洋新兴产业，促进融合型海洋经济高质量发展；服务国家南海开发战略，提升海洋资源开发利用水平；发展深海网箱养殖，建设国家远洋渔业基地、国际金枪鱼交易中心、全球海产品采购及冷链交易中心；高质量举办中国海洋经济博览会，打造"中国海洋第一展"。

《珠海市国民经济和社会发展第十四个五年规划和二〇三五年远景目标纲要》中提出，设立中国（珠海）功能性食品创新研发中心，加快建设海洋生物医药产业集聚示范区。《珠海市海洋经济发展"十四五"规划》中提出，以高质量发展为导向，突破发展海洋生物等四大海洋新兴产业，打造具有国际影响力的现代海洋产业集群。①培育壮大海洋生物医药。围绕海洋药物、海洋生物制品和海洋功能食品等领域，加大研发投入力度，加强海洋生物技术研究、技术储备和海洋药物的研发中心和药理检测平台建设，联合广东相关高校、科研院所以及生物医药龙头企业协同攻关，建设海洋生物和药物的研发中心以及产业化公共服务平台。进一步建设海洋生物资源库，包括海洋生物基因资源、海洋生物种质资源和海洋生物化合物，推动"一带一路"海洋生物资源合作平台建设。②大力发展生态高效现代渔业。大力发展深蓝渔业，支持深水抗风浪网箱养殖和工厂化循环水养殖，推进深水网箱产业化基地和园区建设，扶持发展远洋渔业，支持企业建设国内远洋渔业基地，回运远洋自捕海产品。大力发展水产品精深加工和综合利用，建立智能化水产品冷链物流体系，培育大型水产网络交易平台。依托洪湾中心渔港，逐步完善渔港产业布局，打造集现代渔业生产、海洋旅游和海洋生物科技等为特色的现代渔港经济区。

湛江市印发的《湛江市国民经济和社会发展第十四个五年规划和二〇三五年远景目标纲要》中提出，加快建设全国海洋经济强市、国家海洋经济发展示范区，加快海洋生物资源深加工及现代生物技术研究开发。①培育发展海洋生物医药产业。重点开发抗肿瘤、抗病毒、防治心血管疾病等海洋创新药物和保健品，打造生物医药研发生产基地。加快建设湛江国家海洋高技术产业基地，大力推动海洋生物品种的培育、扩繁与产业化。围绕海洋生物医药产业集群需求，建设一批新型基础设施和重大创新平台，提升产业技术创新能力。充分利用国内外高端海洋生物医药创新资源，推动海洋生物医药与健康领域科技项目、成果在湛江先行先试和落地转化。②加快发展现代渔业。把海洋牧场作为现代渔业发展的核心，推动传统渔业向现代渔业转型、近海滩涂养殖向深海网箱养殖转变。加快建设国家级海洋牧场人工鱼礁示范区和湛江硇洲、遂溪江洪国家级海洋牧场示范区，推进建设遂溪盐灶、吴川博茂、徐闻外罗海洋牧场项目，规划建设通明湾等现代渔业产业园、深水网箱产业园，打造深海网箱养殖优势产业带。到2025年，海洋渔业总产值达到300亿元左右，水产品总产量达到160万吨左右。《湛江市制造业高质量发展"十四五"规划》中提出，加快培育绿色能源、先进装备制造、海洋生物医药、新一代电子信息四大战略性新兴产业，加快推进农海产品加工等四大传统优势产业转型升级。形成农海产品加工五百亿级产业集群，建成海洋生物医药超百亿级产业。

汕头市政府发布的《汕头市国民经济和社会发展第十四个五年规划和二〇三五年远景目标纲要》中，也将包括海洋生物医药在内的生物医药产业作为汕头四大战略新兴产业之一。在"积极拓展蓝色发展空间，建设现代海洋强市"章节，重点提出构建现代海洋产业体系。依托汕头大学生物技术研究所等创新平台，吸引国家级海洋研究院所和科技机构集聚，重点发展海洋生物医药、海洋精细化工等产业。

江门市位于广东海洋经济综合试验区的核心区域,海洋生物资源丰富。《江门市战略性新兴产业"十四五"规划(征求意见稿)》指出,发展海洋生物医药产业是该市未来战略性新兴产业的战略选择。预期至2035年,江门市海洋生物医药产业产值超过200亿元,成为大湾区海洋生物医药的重要核心区域之一。

四、广东省海洋生物产业发展建议

(一) 新冠肺炎疫情下的海洋生物产业发展分析和建议

新冠肺炎疫情对广东省海洋经济产业影响较大,首当其冲的是滨海旅游业、海洋交通运输业、海洋船舶制造业与航运业等。对海洋生物产业,特别是海洋渔业也造成了重要影响。为应对新冠肺炎疫情,广东省政府出台了《关于应对新型冠状病毒感染的肺炎疫情支持企业复工复产促进经济稳定运行的若干政策措施》《广东省进一步做好稳外资工作若干措施》等多项政策,从财政、金融、资源要素、政府服务等方面推动涉海企业复工复产,减轻企业经营负担,保障海洋经济平稳运行。随着疫情得到控制,人们的健康意识提升到了新高度,海洋渔业、海洋功能和保健食品、海洋药物研发等海洋生物大健康产业,都得到了前所未有的发展机遇。

1 新冠肺炎疫情对广东省海洋生物产业发展的影响

新冠肺炎疫情对广东省海洋渔业的影响较大,集中表现在水产品消费、物流运输、生产周期、劳动力、销售形势、业者心态等。主要体现在4个方面:水产养殖投入品运输受阻、水产劳动力缺乏、水产品运输销售流通受限制、水产生产活动受影响等。同时因新冠肺炎疫情影响,会造成运输受阻、水产品滞销、消费力下降。为此,广东省出台水产品收储政策,对在新冠肺炎疫情期间收储养殖水产品的企业给予补贴。截至2021年4月底,实现收储水产品约6.5万吨,解决了近4成的鱼虾类压塘量。上半年,全省海洋水产品产量203.7万吨,同比下降1.0%;下半年,全省海洋水产品产量247.0万吨,同比下降1.1%。全年海洋水产品产量450.7万吨,同比下降1.1%。

新冠肺炎疫情对海洋生物医药、海洋生物制品和大健康产业行业同样产生较大影响。新冠肺炎疫情影响涉及产业链各大环节与所有主体，如原料短缺、运输困难、企业的管理效率大幅降低、正常上下班严重受挫、车间排产严重紊乱、网点拓展被迫推迟、市场营销被迫减缓、品牌塑造被迫调整、市场销量大幅下滑、企业与职工收益纷纷受损。随着新冠肺炎疫情得到控制，产业生产经营情况逐渐好转。

2 新冠肺炎疫情给海洋生物产业发展带来的机遇和挑战

新冠肺炎疫情在给各大产业造成重大影响的同时，让人们的健康意识提升到了新高度，健康食品的消费需求空前高涨，给食品和大健康产业也带来新的机遇。借鉴广东生物医药产业在疫情之后的发展情况，2021 年 1—7 月，广东新药申请增长 91.1%，获准上市的药品增长 344.4%，获批创新医疗器械数量全国第三，新增国产普通化妆品备案数占全国的 70%，新增注册国产特殊化妆品数量占全国的 64%。同样，海洋生物产业中的海洋渔业、海洋功能和保健食品、海洋药物研发等行业，都将有前所未有的发展机遇。主要表现在以下几个方面。

（1）海洋渔业方面

海洋水产品比陆生动物产品具有更高、更独特的营养价值。新冠肺炎疫情让大众认识到了提高免疫力的重要性，海洋水产品的营养价值得到重视，海洋渔业和水产养殖要增强水产动物非特异性免疫功能，更好地挖掘水产品的营养价值，为人类健康服务。疫情终会过去，随后的消费市场反弹可能会造成水产品需求大量增加。

（2）海洋功能保健食品产业方面

通过新冠肺炎疫情的数据分析，自身免疫力低下和体弱多病的人群更容易被感染，且感染后也更容易成为重症患者或危重症患者。因此，提高免疫力的功能保健食品，是今后需要大力发展的产业。据文献统计数据，我国 2020 年审批注册的 660 款保健食品中，增强免疫力类达到 369 款，占总数的 55.9% 之多。海洋生物中提取加工的具有增强免疫、抗氧化、调节血脂、调节肠道等功效的营养添加剂或健康食品、特医食品，更将具有异军突起的潜力。通过本编写组对若干海洋生物制品相关企业的调研发现

（图 8），部分企业面对新冠肺炎疫情及时调整产品结构，加大涉海免疫调节相关功能保健食品的研发和市场开拓，获得了更好的发展机遇。

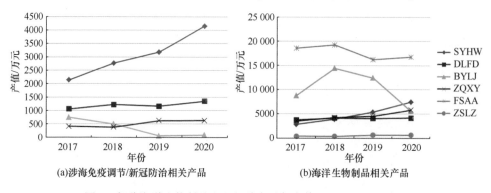

(a)涉海免疫调节/新冠防治相关产品

(b)海洋生物制品相关产品

图 8　部分海洋生物制品企业相关产品年产值（2017—2020 年）

（3）海洋药物研发方面

新冠病毒防治已成为当今全球卫生健康领域的重大科学挑战，有效的抗新冠病毒药物研发成为重大战略和社会需求，国家和地方政府均把抗新冠病毒药物研发作为新药研发的重要方向。国家科技重大专项和国家自然科学基金委员会都有相关抗新冠病毒药物研发的部署，广东省支持海洋六大产业的海洋经济发展专项中，在海洋生物产业方向也重点支持包括抗新冠病毒药物研发在内的海洋药物研发项目。中山大学、中科院南海海洋研究所等相关科研单位，积极与海洋试点国家实验室优势科研力量开展协同攻关，对近万个海洋天然产物进行相关靶标的药物筛选，其中 26 个成药潜力大，可望提出 2~3 种新冠病毒有效防控策略及潜在海洋药物，为防控新冠肺炎疫情提供蓝色药物方案。广东医科大学、广东湛江海洋医药研究院及其孵化企业中科生物（广东）有限公司在新冠肺炎疫情期间共同研发了含海藻精华的微酸型手部消毒剂，并大量投产，产品全部捐赠用于学校和医院等防疫一线，缓解了地方防疫物资压力，为全社会的新冠肺炎疫情防控贡献海洋智慧和广东力量。

（二）促进广东省海洋生物产业集群发展措施建议

1　制定专项政策，促进产业集群建设

广东省内区域发展不平衡、海洋资源配置不合理，造成海洋经济的地

区差异大。现今在珠三角地区，以广州、深圳等海洋经济较强的城市为建设重点，已逐渐形成了一批海洋生物的优势企业。政府应依托其区域优势，以市场需求驱动改革，加快以增加产品种类、提升产品质量的创新，提升海洋生物的产业结构。同时，促进珠三角地区产业园区的建设，鼓励技术创新，形成新的创新驱动力。此外，政府应制定帮扶政策，加大对海洋生物，特别是海洋生物医药产业的投入，同时加强针对海洋战略性新兴产业的先期预研投资、创业投资、担保基金、风险资本市场等资金扶持，大力扶持粤东、粤西两地海洋生物产业的发展，引导和支持当地产业集群建设。比如福建省的一些举措可以借鉴学习：福建省工信厅会同省海洋与渔业局出台了《福建省推进海洋药物与生物制品产业发展工作方案（2021—2023 年）》，围绕"推进海洋药物与生物制品产业发展"主题，从总体思路、重点任务、保障措施等方面就推进福建省海洋药物与生物制品产业发展提出工作思路和工作举措，旨在深入实施创新驱动发展战略，突破关键核心技术，培育引进龙头企业，壮大产业规模，培育形成富有竞争力的海洋药物与生物制品产业体系。

2　重视科技人才培养与创新团队建设

人才是实现技术创新的基础，是提升技术水平的决定性力量。海洋生物产业属于高新技术产业，在产业集群建设中应重视人才的作用。政府应加强高校基础教育人才的培养，重点培育产业发展所需科技人才。同时，应建立和完善高等人才队伍的引进和本地培育政策，科学配置、合理使用人才，特别是在关键技术重大突破、重点项目的自主研发和高端成果的应用转化方面的高层次人才，造就一批有影响力、年龄和知识结构合理的海洋生物资源产业科技创新队伍，鼓励建立"大团队、大协作、大平台、大项目、大成果"的产业科技攻关高效运行模式。瞄准海洋创新药物及海洋生物新材料、海洋功能食品、海洋生物制品等重点方向和科学研究薄弱环节，积极对接机构和企业研发需求，用足"人才自由港"等移民便利政策，制定人才引进的规划，积极打造引进海洋生物产业发展急需的创新型人才、应用型人才及相关人才平台，补短板、强弱项。再是构建留住人才机制，合理利用人才，通过薪资福利、社会保障和服务体系，创造更好的工作和生活环境，将更多的人员留在海洋生物医药产业，营造"引得进、留得住、用得活"的海洋生物产业发展人才环境。

2021 年 12 月，《广州南沙新区支持科技创新的十条措施》（以下简称"科创 10 条"），聚焦人才生态、原始创新、技术攻关等 5 个方面提出 10 条措施，对高端人才及团队在南沙创新创业给予更大力度支持。在南沙成立的南方海洋科学与工程广东省实验室（广州）目前汇聚了包括 16 个院士团队在内的 47 支海洋领域高层次科研队伍。随着粤港澳大湾区和南方海洋科学与工程广东省实验室（广州）的深入建设与运作，广东省海洋生物科技力量和人才会注入大量新鲜活力，海洋生物产业创新队伍必将不断壮大。青岛和舟山都出台了海洋相关的人才政策，但广东省并没有，建议深圳或广州南沙可以从大湾区的角度率先建设一个海洋人才的特区，把包括海洋生物产业在内的海洋人才的政策和制度进行集成创新，率先建立人才高地，有利于大湾区海洋人才的整体利用。

3 提升海洋生物产业园创新和产学研能力

海洋生物产业园区的建设和高效运行为产业集群的发展提供载体，能有效促进海洋生物技术产业化与集聚发展。政府应出台正式文件，大力推进海洋生物产业园区的建设，给予园区内企业及科研机构一定的税收优惠，鼓励海洋生物相关产业的企业以及科研单位向产业园区聚集，同时利于与高校交流联系，打造产学研合作平台，提升产学研结合能力，积极推进深圳市大鹏海洋生物产业园等一批海洋生物产业园区做大做强和高效运行。珠三角地区作为核心区域，是广东省经济最发达的地区，应抓住机遇大力发展海洋生物等相关高新技术产业，建设高新产业园聚集区。同时，粤东和粤西地区也应积极打造海洋高新技术产业集群，推进海洋经济建设，并加强与珠三角地区相关产业园区对接，促进广东省具有地域特色的蓝色生物产业的建设。

积极扶持和推动湛江形成加工、贸易、养殖一体化的海洋渔业示范区，形成了一批新生产线、新产品和新示范工程，积极发展现代海洋产业体系，以海洋生物育种、海水健康养殖、海产品精深加工为主导的海洋生物产业集群不断发展壮大。以三灶生物医药科技园、粤澳中医药产业园和现有生物医药产业为依托，重点鼓励珠海海洋生物制药和海洋生物食品产业发展，建设海洋药物的研发中心和药理检测平台，开发一批具有自主知识产权的海洋生物医药、化妆品、保健品和食品，培育一批具有竞争力的生物医药和生物食品企业，促进海洋生物制药产业的集聚。

4　培育龙头企业，发挥企业龙头作用

龙头企业竞争力强，拥有较大的市场份额，且空间发展能力强，具备带动产业的集群发展能力。同时，龙头企业拥有较好的科研基础，发展资金充足，其自身影响力的发挥能够带动区域内中小型企业的发展。因此，政府在海洋生物产业集群建设中，应重视龙头企业的培养，加强财政支持政策，建立完备的人才引进机制和营造良好的投资环境，为龙头企业的发展提供载体。此外，政府应适度扩宽企业融资渠道，对企业的融资给予相应的服务，扶持中小企业的发展。

5　多项措施并举，提升金融服务海洋生物产业的能力

海洋生物产业的发展和壮大，离不开专业化的综合金融机构来提供专业化的金融服务，广东省甚至全国还没有建立诸如海洋合作开发银行这样的综合性金融机构，只有个别银行在初步涉水，因此无法做到充分整合各种资源和渠道，以及投资、融资、保险等业务平台，很难开展适应海洋生物产业发展的综合金融服务。要推动建立海洋金融服务机构出现并发挥重要作用，政府的政策和制度支持是前提。政府需要加强政策和制度建设，通过政策指引和多种货币政策工具，为金融机构提供资金保障，鼓励金融机构优化信贷结构，引导金融资源向海洋生物产业和海洋经济聚集。建议可以从财政上安排一定的专项资金，设立由政府主导、社会资本参与的混合所有制形式的海洋生物产业发展基金，对海洋生物产业给予支持。更可以进一步建立产权综合交易平台、海洋科技金融联盟等。

6　建设广东省海洋生物产业化中试技术研发公共服务平台

海洋生物产业作为广东省重点发展的朝阳产业之一，技术成果的高效转化有利于产业的持续发展。在政府政策指导和支持下，研究机构和企业

应共建海洋生物产业化 GMP 中试技术研发公共服务平台，重点打造海洋生物资源利用关键共性技术研发、中试工程化技术研发与技术服务、海洋生物科技成果转化技术研发等核心基地，以避免企业在技术成果的中试阶段，需要临时性地联合各工序企业，耗费大量的人力、费用和时间。平台的建立可便于组织有成果转化需求的科研单位，产业链上各阶段的代工企业，以及具有完善销售网络的生物制品公司，联合打造一个高效的技术研发–中试工程技术攻关–产品销售为一体的科技成果转化技术研发（孵化）核心基地，形成海洋生物产业链协同创新发展模式。如自然资源部第三海洋研究所与厦门海洋职业技术学院联合共建的新型第三方技术服务机构"海洋生物产业化中试技术研发公共服务平台"，针对科技成果转化过程中最为薄弱的中试技术研发环节，开展中试装备整合和人才队伍建设，有能力针对分离纯化、化学修饰、规模发酵、藻类培养、标准研发等技术内容开展工程化技术对外服务。平台自 2017 年 7 月正式运行以来，已取得较为明显的社会和经济效益。

7 整合优势资源，提升产业区域辐射效应

海洋生物产业是一个复杂且开放的系统，"企业–研究院校"优势资源的整合与共享是产业发展的重要基础。企业应与研究院校建立密切合作机制，以企业引导院校研究方向，以院校培养企业技术人才，加快高端创新人才的流动。同时，企业需要加强自身产业人才的培养，建设一套完备的产业人才培养体系，鼓励研究院校和企业共建人才培育基地，并搭建数字化合作平台，以提供全面的信息共享与技术合作。企业需要在宏观上充分了解经济新常态下海洋生物产业集群发展的特征，依托其区域内优势，加快产品的种类和质量的创新，促进海洋生物产业的稳步发展。同时，广东省海洋生物产业集群在区域内要积极提升产业的规模效应，加快产业的扩容提质，促进产业链的延伸和产业孵化的聚集，提升产业区域辐射效应，构筑新的创新驱动力。

附录一　广东省主要海洋生物相关单位名录和业务方向

科研院所和高校	业务方向（海洋生物相关方向）	所在地
南方海洋科学与工程广东省实验室（广州）	海洋生物技术、海洋生物医药	广州
南方海洋科学与工程广东省实验室（珠海）	海洋渔业、海洋生物制品	珠海
南方海洋科学与工程广东省实验室（湛江）	海洋生物大健康产业、海洋渔业	湛江
深圳湾实验室（生物信息与生物医药广东省实验室）	海洋药物	深圳
中山大学（海洋学院、药学院、化学学院、生命科学院）	海洋天然产物、海洋药物、海洋中药、生物制品	广州、珠海
中山大学（深圳）	海洋天然产物	深圳
中国科学院南海海洋研究所	海洋药物、海洋生物技术、海洋生物制品和功能食品	广州
中国科学院华南植物园	海洋天然产物	广州
中科院深圳先进技术研究院生物医药与技术研究所	海洋生物材料、海洋生物制品	深圳
华南理工大学（食品科学与工程学院）	海洋生物制品	广州
暨南大学（药学院、化学与材料学院、生命科学院）	海洋天然产物、海洋生物制品、生物材料	广州
南方医科大学（药学院、中药学院）	海洋天然产物、海洋中药	广州
华南师范大学（化学与环境学院、食品学院）	海洋天然产物	广州
华南农业大学（海洋学院、食品学院）	海洋生物技术和海洋渔业研究、生物制品	广州
广东工业大学（轻工化工学院）	海洋天然产物	广州

单位	业务方向（海洋生物相关方向）	所在地
广州医科大学（药学院）	海洋天然产物、海洋生物制品	广州
广东药科大学（生命科学与生物制药学院）	海洋生物制品	广州
深圳国家基因库	海洋生物基因	深圳
北京大学深圳研究生院	海洋药物、海洋生物材料	深圳
清华大学深圳国际研究生院	海洋生物医药	深圳
南方科技大学（海洋工程系、化学系）	海洋微生物学、海洋生物医药	深圳
深圳大学（生命与海洋科学学院）	海洋天然产物、海洋生物技术	深圳
哈尔滨工业大学（深圳）	海洋微藻、海洋生物技术	深圳
深圳职业技术学院	海洋生物医药	深圳
中国水产科学研究院南海水产研究所	海洋生物制品、功能食品、海水产品加工	广州
中国水产科学研究院珠江水产研究所	鱼类疫苗开发	广州
广东省微生物研究所	海洋微生物	广州
广东海洋大学	海洋功能食品研发、海水产品加工	湛江
广东医科大学	海洋生物技术、海洋生物制品、海洋药物等	湛江
岭南师范学院	海洋渔业、海洋药物制品	湛江
北京师范大学-香港浸会大学联合国际学院	海洋食品	珠海
五邑大学（生物科技与大健康学院）	海洋生物医药	江门

84

续表

单位	业务方向（海洋生物相关方向）	所在地
汕头大学	海洋生物制品和功能食品研发	汕头
佛山科学技术学院	海洋生物制品和功能食品研发	佛山
仲恺农业工程学院	海洋生物技术和水产研究	广州
主要代表性企业	业务方向（海洋生物相关方向）	所在地
深圳华大海洋科技有限公司	海洋生物技术、水产技术研发	深圳
广州现代产业技术研究院	海洋生物制品、海洋水产品加工	广州
广东承顺生物制药股份有限公司	生物制药研发	广州
广州迪澳生物科技有限公司	海洋鱼类生物医药研制开发等	广州
广东兴亿海洋生物工程股份有限公司	海洋生物蛋白肽食品研发	广州
广州金水动物保健品有限公司	水产药品、微生物制剂	广州
广州市科能化妆品科研有限公司	海洋功能化妆品等	广州
广州健道海洋生物科技有限公司	海洋生物制品	广州
广州市蓝钥匙海洋生物工程食品有限公司	海洋药物、海洋功能（保健）食品	广州
广州市科能化妆品科研有限公司	海洋生物化妆品研发	广州
广州市白云联佳精细化工厂	海洋生物化妆品生产	广州

85

单位	业务方向（海洋生物相关方向）	所在地
广东丹姿集团有限公司	海洋生物化妆品销售	广州
广东暨大基因药物工程研究中心有限公司	海洋药物、海洋生物基因	广州
广州市欢乐海洋生物技术创新发展有限公司	海洋生物食品	广州
广州暨南生物医药研究开发基地有限公司	海洋生物制品	广州
广州贝奥吉因生物科技有限公司	海洋生物材料、海洋生物制品	广州
无限极（中国）有限公司	海洋功能（保健）食品	广州
深圳海王药业有限公司	药类研究及生产	深圳
深圳乾延药物研发科技有限公司	海洋药物	深圳
时代生物科技（深圳）有限公司	海洋生物制品、海洋食品	深圳
深圳市大丰东方海洋生物科技有限公司	海洋生物药物	深圳
广东昂泰连锁企业集团有限公司	海洋药物、功能及生物制品	汕头
广东润科生物工程股份有限公司	海洋生物油脂原料	汕头
汕头市健泰海洋生物科技有限公司	海洋生物制品	汕头
中山奕安泰医药科技有限公司	海洋药物	中山
肇庆大华农生物药品科技有限公司	兽用生物制品	肇庆

单位	业务方向（海洋生物相关方向）	所在地
肇庆兴亿海洋生物工程有限公司	海洋生物蛋白肽原料及食品	肇庆
深圳市中科海世衡生物科技有限公司	海洋生物医用材料，医疗器械	深圳
深圳市海优康生物科技有限公司为有限责任公司	海洋保健品，海洋生物材料	深圳
广东华肽生物科技有限公司	海洋生物肽原料及食品	肇庆
广东中食营科生物科技有限公司	海洋鱼皮胶原肽	东莞
湛江市博康海洋生物有限公司	海洋生物制品	湛江
湛江国联水产开发股份有限公司	海洋水产品加工	湛江
广东恒兴集团	海洋水产品加工	湛江
丽珠集团新北江制药股份有限公司	海洋药物	珠海
汤臣倍健	海洋保健品，海洋生物制品	珠海
珠海长隆投资发展有限公司	海洋生物种质资源	珠海
广东中大五同堂生物工程有限公司	海洋保健品	陆丰
佛山市安安美容保健品有限公司	海洋生物化妆品	佛山
广东粤海水产食品加工有限公司	海洋水产品加工	吴川

附录二　广东省主要海洋生物相关研究平台

平台名称	类别	依托单位/所在地
南方海洋科学与工程广东省实验室（广州）	广东省实验室	广州
南方海洋科学与工程广东省实验室（珠海）	广东省实验室	珠海
南方海洋科学与工程广东省实验室（湛江）	广东省实验室	湛江
南海海洋生物技术国家工程研究中心	国家工程研究中心	中山大学/广州
中科院热带海洋生物资源与生态重点实验室	省部级重点实验室	中国科学院南海海洋研究所/广州
广东省海洋药物重点实验室	省部级重点实验室	中国科学院南海海洋研究所/广州
广东省应用海洋生物学重点实验室	省部级重点实验室	中国科学院南海海洋研究所/广州
水产品安全教育部重点实验室	省部级重点实验室	中山大学/广州
海洋微生物功能分子广东高校重点实验室	省部级重点实验室	中山大学/广州
农业部南海渔业资源开发利用重点实验室	省部级重点实验室	中国水产科学研究院南海水产所/广州
农业部水产品加工重点实验室	省部级重点实验室	中国水产科学研究院南海水产所/广州
广东省渔业生态环境重点开放实验室	省部级重点实验室	中国水产科学研究院南海水产所/广州
中国水产科学研究院南海水产种质资源与健康养殖重点实验室	省部级重点实验室	中国水产科学研究院南海水产所/广州
中国水产科学研究院海洋牧场技术重点实验室	省部级重点实验室	中国水产科学研究院南海水产所/广州
热带亚热带水产资源利用与养殖重点实验室	省部级重点实验室	中国水产科学研究院珠江水产所/广州

平台名称	类别	依托单位/所在地
广东省水产经济动物病原生物学及流行病学重点实验室	省部级重点实验室	广东海洋大学/湛江
广东省水产品加工与安全重点实验室	省部级重点实验室	广东海洋大学/湛江
海洋生物技术重点实验室	省部级重点实验室	汕头大学/汕头
海洋生物资源保护与利用粤港联合实验室	省部级重点实验室	华南农业大学/广州
南海海洋生物技术教育部工程研究中心	省部级工程研究中心	中山大学/广州
广东省海洋油质化工原料及其功能化转化工程技术研究中心	省部级工程研究中心	中山大学/广州
广东省海洋藻类生物工程技术研究中心	省部级工程研究中心	深圳大学/深圳
广东省海洋食品工程技术研究中心	省部级工程研究中心	广东海洋大学/湛江
广东省南海经济无脊椎动物健康养殖工程技术研究中心	省部级工程研究中心	广东海洋大学/湛江
广东省海洋生物材料工程技术研究中心	省部级工程研究中心	中国科学院深圳先进技术研究院
广东省水产免疫与健康养殖工程技术研究中心	省部级工程研究中心	华南农业大学/广州
中国科学院海洋微生物研究中心	省部级研究中心	中国科学院南海海洋研究所/广州
广东湛江海洋医药研究院	广东省新型研发机构	广东医科大学/湛江
深圳职业技术学院海洋生物药研究院	广东省新型研发机构	深圳职业技术学院/深圳
深圳市海洋生物资源与生态环境重点实验室	市级重点实验室	深圳大学/深圳

平台名称	类别	依托单位/所在地
海洋生物资源与环境珠海市重点实验室	市级重点实验室	中山大学/珠海
深圳市海洋生物基因组学重点实验室	市级重点实验室	深圳市华大海洋研究院/深圳
深圳市海洋生物医用材料重点实验室	市级重点实验室	中国科学院深圳先进技术研究院
海洋地球古菌组学深圳市重点实验室	市级重点实验室	南方科技大学
湛江市环北部湾海岸特色微藻生物资源产品研发重点实验室	市级重点实验室	广东医科大学/湛江

附录三 与广东省有良好合作基础的海洋生物相关国内优势单位和平台

单位（平台）	类别	依托单位/所在地
青岛海洋科学与技术试点国家实验室	国家实验室（试点）	青岛
中国海洋大学	高校	青岛
中国科学院海洋研究所	科研院所	青岛
自然资源部第一海洋研究所	科研院所	青岛
中国水产科学研究院黄海水产研究所	科研院所	青岛
中国科学院青岛生物能源与过程研究所	科研院所	青岛
山东大学（生命科学院、海洋研究院、海洋学院）	高校	青岛、威海
青岛海洋生物医药研究院	研发型企业	青岛
北京大学（海洋研究院、药学院）	高校	北京
清华大学（生命科学院）	高校	北京
中国农业大学（生物学院、海洋学院）	高校	北京、烟台
中国科学院微生物研究所	科研院所	北京
中国医学科学院医药生物技术研究所	科研院所	北京
北京协和生物工程研究所	科研院所	中国医学科学院/北京
大连海洋大学（水产与生命学院）	高校	大连

单位/平台	类别	依托单位/所在地
大连工业大学（水产与生命学院、食品学院）	高校	大连
沈阳药科大学	高校	沈阳
威海海洋生物产业技术研究院	新型研发机构	威海
哈尔滨工业大学（海洋科学技术学院）	高校	哈尔滨、威海
烟台大学（海洋学院、药学院）	高校	烟台
中国科学院烟台海岸带研究所	科研院所	烟台
中国科学院烟台药物研究所上海药物研究所烟台分所	科研院所	烟台
江苏海洋大学（海洋科学与水产学院）	科研院所	连云港
江苏省海洋生物学重点实验室	省重点实验室	南京农业大学/南京
河海大学（海洋学院）	高校	南京
中国药科大学	高校	南京
南京大学（生命科学学院）	高校	南京
医药生物技术国家重点实验室	国家重点实验室	南京大学/南京
上海海洋大学（海洋科学研究院、极地研究中心）	高校	上海
上海市海洋药物工程技术研究中心	新型研发机构	上海

单位/平台	类别	依托单位/所在地
中国水产科学研究院东海水产研究所	科研院所	上海
海军军医大学（药学院）	高校	上海
中国科学院上海药物研究所	科研院所	上海
上海交通大学（生科院、海洋学院、医学院）	高校	上海
复旦大学（药学院）	高校	上海
同济大学（海洋与地球科学学院）	高校	上海
生物反应器工程国家重点实验室	国家重点实验室	华东理工大学/上海
中国极地研究中心	科研院所	上海
浙江大学（海洋学院、生命科学院）	高校	杭州、舟山
自然资源部第二海洋研究所	科研院所	杭州
宁波大学（食品与药学学院、海洋学院）	高校	宁波
浙江海洋大学（海洋科学学院、食品药学学院、水产学院）	高校	舟山
浙江工业大学（药学院、海洋学院）	高校	杭州、舟山
浙江省海洋水产养殖研究所	科研院所	温州
温州大学（生命与环境学院）	高校	温州

单位/平台	类别	依托单位/所在地
福州大学（食品与海洋生物资源研究所）	高校	福州
厦门大学（海洋与地球学院、药学院、生命科学院）	高校	厦门
海洋生物制备技术国家地方联合工程实验室	国家级工程实验室	厦门大学/厦门
自然资源部第三海洋研究所	科研院所	厦门
海洋生物资源开发利用工程技术创新中心	国家级工程实验室	第三海洋研究所/厦门
集美大学（食品与生物工程学院）	高校	厦门
闽江学院（海洋研究院）	高校	福州
自然资源部第四海洋研究所	科研院所	北海
广西北部湾海洋研究中心	科研院所	广西科学院/南宁
广西大学（海洋学院）	高校	南宁
广西中医药大学（海洋药物研究院）	高校	南宁
北部湾大学（海洋学院）	高校	钦州
海南大学（生命科学与药学院、化学工程与技术学院）	高校	海口
中国热带农业科学院热带生物技术研究所	科研院所	海口
海南省海洋与渔业科学院	科研院所	海口

続表

单位/平台	类别	依托单位/所在地
海南热带海洋学院	高校	海口
中国科学院深海科学与工程研究所	科研院所	三亚
三亚中科海洋研究院	新型研发机构	三亚
中国科学院水生生物研究所	科研院所	武汉
武汉大学（药学院）	高校	武汉

95

广东省海洋电子信息产业发展蓝皮书

一、海洋电子信息产业概况

（一）海洋电子信息产业定义

电子信息产业，是指为了实现制作、加工、处理、传播或接收信息等功能或目的，利用电子技术和信息技术所从事的与电子信息产品相关的设备生产、硬件制造、系统集成、软件开发以及应用服务等作业过程的集合。2003年5月，国务院发布的《全国海洋经济发展规划纲要》给出海洋经济的定义：海洋经济是开发利用海洋的各类产业及相关经济活动的总和。

海洋电子信息产业是一种典型的交叉产业，即电子信息技术在海洋经济领域开展研究及应用的交集，是信息技术服务于科学考察、勘探与探测监测、运输、渔业、气象预报、权益维护、资源开采等海洋相关产业活动的产物，具有典型的军民融合属性。海洋电子信息产业包括直接来源及服务应用于海洋的硬件、软件、系统和应用服务，技术上往往与其他海洋产业方向，包括：海工装备、公共服务、应急救灾、风电系统等有交集。

（二）海洋电子信息产业界定与划分

依据《电子信息产业行业分类注释（2005—2006）》，电子信息产业包括雷达工业行业、通信设备工业行业、广播电视设备工业行业、电子计算机工业行业、软件产业、家用视听设备工业行业、电子测量仪器工业行业、电子工业专用设备工业行业、电子元件工业行业、电子器件工业行业、电子信息机电产品工业行业、电子信息产品专用材料工业行业，12个

96

行业、产业，共 46 个门类。

海洋经济一般包括为开发海洋资源和依赖海洋空间而进行的生产活动，以及直接或间接开发海洋资源及空间的相关产业活动，由这样一些产业活动形成的经济集合均被视为现代海洋经济范畴。主要包括海洋渔业、海洋交通运输业、海洋船舶工业、海盐业、海洋油气业、滨海旅游业等。

理论上，经过适海性设计改造，电子信息单位均可涉海。但受制于海洋认知、海洋活动人员、涉海技术积累、相关市场空间等因素制约，涉海的单位仅为电子信息产业一部分。海洋电子信息产业细分领域多且分散，规模效应不明显，尚处于培育期。根据此特点，海洋电子信息产值统计有3 个层面：有能力涉海的电子信息单位产值，涉海电子信息单位产值，涉海电子信息单位涉海业务产值。本报告主要统计涉海电子信息单位产值，兼顾有能力涉海的电子信息单位产值。

借鉴物联网三层架构即感知层、网络层、应用层，根据终端交互－信息传输－后台运维的数据链路，将海洋电子信息划分为应用系统（云：应用系统运营以及基于数据汇聚的应用与服务）、通信网络（管：海洋电子信息传输通道）、感知探测（端：终端设备与传感器）3 部分（表 1），在空、天、地、海、潜等 5 个空间维度（载体平台）组合应用（表 2）。

表 1　海洋电子信息产业划分（系统组成）

系统	分系统
应用系统	智能船舶系统、海工作业管理平台、智慧港口管理平台、远程监控管理系统、位置服务平台、遥感服务平台等
通信网络	卫星通信、短波通信、超短波通信、微波通信、激光通信、集群通信、水下线缆、长波通信、水声通信等
感知探测	遥感、时空、雷达、AIS、ADCP（声学多普勒流速剖面仪）、CTD（温盐深测量仪）、回声探测仪等海洋仪器设备
载体平台	卫星、飞行器、舰船、海工作业平台，以及波浪滑翔器、浮标、人水下航行器、水下滑翔机、潜艇等

表 2　海洋电子信息产业划分（空间应用）

空间	载体平台	感知探测	通信网络	应用系统
空	卫星	导航、遥感卫星	通信卫星	卫星（通信、导航、遥感）地面站与运维系统
天	无人机、飞行器、浮空气球等	光电传感等	卫星、Wi-Fi 等	飞控系统
地	港口、海岛、近海近岸地区	高频地波探海雷达、光电传感等	5G、Wi-Fi、光纤等	数据中心、位置服务平台、远程监控管理、遥感平台、智慧海洋综合系统等
海	舰船、海工作业平台、无人船、波浪滑翔器、浮标等	各类传感器、X 波段雷达、AIS、航行数据记录仪、热像仪、勘测探测仪、导航仪等；	微波、激光、卫星、超短波、集群通信等	机舱自动化系统、智慧船舶控制系统、海工作业管理平台等
潜	无人水下航行器、水下滑翔机、潜艇等	声光电磁传感器、光纤传感、流速仪、温盐深探仪等；	水声、蓝绿激光、长波、海底光缆、Ad-Hoc 自组织网络	海底观测系统

　　海洋应用系统（云）以各种云平台、数据中心、应用系统软件的形式呈现，包含云链路、数据中心、大数据存储、智能分析与决策等。如机舱自动化系统、船舶操舵控制系统、海工作业管理平台、智慧港口管理平台、远程监控系统等。

　　海洋通信网络（管）根据水上、水下有不同应用，其中水上通信方式主要有卫星通信、短波通信、超短波通信、微波通信、激光通信、集群通信等，水下通信有水下线缆、长波通信、水声通信、蓝绿激光等方式。

　　海洋感知探测（端）是在海洋观测探测、海洋经济活动中的专用设备，包括但不限于遥感、导航定位（时空感知）、雷达装备、AIS、海洋观测探测设备，以及配套的传感器、芯片等器件。其中导航定位按不同的手段分为无线电导航定位、卫星导航定位、惯性导航等，目前的导航定位产值规模主要集中在卫星导航定位，海洋卫星导航定位按不同国家导航卫星分为 GPS、GLONASS、北斗、CAPS 等，GPS 是全球最大规模用户的导航系统，目前几乎占据全球 90% 的产值份额，达到万亿级。北斗是我国的自主可控卫星导航系统。目前整个行业产值规模在千亿级。随着 2020 年北斗三号全球导航系统建设完成，预计随着"一带一路"建设的推进，北斗导航定位产业有较大的发展空间。

海洋信息载体（平台）通常不属于电子信息产业范畴，部分属于海工装备范畴，与海洋电子信息相辅相成，构成有机整体。其中太空平台为卫星，涉及卫星（通信、导航、遥感）制造、发射、在轨运维等环节；天上平台为各类飞行器，包括无人机、浮空气球等；海面平台包括海工装备的舰船、海工作业平台，以及波浪滑翔器、浮标等；水下平台包括无人水下航行器、水下滑翔机、潜艇等。

二、海洋电子信息产业概况

（一）国外海洋电子信息产业发展现状

海洋电子信息产业以美国最为发达，英国、北欧等部分国家和地区处于领先地位。

在通信网络方面，美国和欧洲海洋通信业务主要依托 INMARSAT、Gobalstar 等卫星通信系统（由美国劳拉公司 Loral 和高通公司 Qualcomm 倡导发起）。INMARSAT 是最早的 GEO 卫星移动系统，是利用美国通信卫星公司（COMSAT）的 Marisat 卫星进行通信的军用卫星通信系统。20 世纪 70 年代中期为了增强海上船只的安全保障，国际电信联盟决定将 L 波段中的 1535～1542.5 兆赫和 1636.3～1644 兆赫分配给航海卫星通信业务，这样 Marisat 中的部分内容就提供给远洋船只使用。1982 年形成了以国际海事卫星组织管理的 INMARSAT 系统，开始提供全球海事卫星通信服务。埃隆·马斯克（Elon Musk）2002 年 6 月建立的美国太空探索技术公司（SpaceX）位于美国加利福尼亚州的霍索恩，计划于 2019—2024 年在太空搭建由约 1.2 万颗卫星组成的"星链"网络提供互联网服务。

美国还拥有摩托罗拉、L3Harris 等世界级通信网络知名企业。摩托罗拉总部设在美国伊利诺伊州绍姆堡，位于芝加哥市郊，世界财富百强企业之一，是全球芯片制造、电子通信的领导者，其 TETRA 数字集群定制化解决方案，为政府及公共安全、轨道交通、机场、港口、能源等行业提供解决方案。L3Harris 是全球航空航天和国防技术创新公司，提供端到端解决方案来满足客户的关键任务需求。该公司在空中、陆地、海洋、太空和网络领域提供先进的国防和商业技术。L3Harris 年收入约为 180 亿美元，拥有 48 000 名员工，客户遍布 100 多个国家。

美国国防高级研究计划局（Defense Advanced Research Projects Agency，简称 DARPA），成立于 1958 年，是美国国防部属下的一个行政机构，负责研发用于军事用途的高新科技，其总部位于弗吉尼亚州阿灵顿县。DARPA 希望建立一个海底网络，让军队可以在所有领域拥有态势感知或指挥和控制能力。DARPA 之前曾尝试过海底网络。其"战术海底"（Tactical Undersea，）网络架构计划旨在通过海底光纤骨干网恢复基于射频的网络。

在感知探测领域，典型公司有位于硅谷的劳雷工业公司、LinkQuest 公司、TRDI 公司等，其产品声学多普勒流速剖面仪（ADCP）、温盐深测量仪（CTD）、回声探测仪等海洋仪器设备处于世界领先地位。谷歌公司也是美国最大的民用遥感探测公司。

美国加州圣迭戈市依托硅谷强大的电子信息产业优势，形成了世界领先的海洋电子信息产业，其发展过程具有典型的军民融合的特性。

以美国为典型，国外发展海洋电子信息产业特点：体制机制创新；系统前瞻性引导；产业资本双轮驱动，形成一批世界领先的海洋电子信息企业，形成专精特新企业配套的格局；军技民用、军民融合。具体表现为：

一是体制机制创新。例如 DARPA 有约 100 名项目官员，他们都是从学术界或产业界"借调"过来的，任期 3 到 5 年。由于他们不进入公务员系列，因此，在 DARPA 内不存在一般政府机构内普遍存在着的等级森严的决策体制。项目官员有非常大的自主权去识别和资助本人所负责领域内的相关技术项目。一位项目官员要决定是否资助某个项目，只需要说服两个人：自己所在技术局的局长和 DARPA 署长。项目官员决策权限大，其资助项目的效果可以反过来论证该官员的准确性、目光的长远性。DARPA 主要搜集两类人才。第一类是项目领导者。一直以来，DARPA 主任最重要的工作便是招聘才能卓著的项目领导者，然后发挥他们的创造力，围绕重大进步组建大团队。

二是前瞻布局。通过类似 DARPA 的机构进行产业未来方向引导，通过高精尖前沿技术研究占领产业制高点。DARPA 的基本任务是专事于"科技引领未来"，开拓新的国防科研领域，为解决中、远期国家安全问题提供高技术储备，研究分析具有潜在军事价值、风险大的新技术和高技术在军事上应用的可能性；按下达的科研计划的目的和要求，对国防部长批准的跨军种的重大预研项目进行技术管理与指导。

三是产业和资本双轮驱动。结合硅谷强大的电子信息创新能力、全球领先的金融市场发展海洋应用分支，培育细分领域冠军，引导世界级企业涉海。

四是军技民用、军民融合。国际海事卫星组织（Inmarsat）就是由服务于军队的卫星通信发展而来；而 DARPA 的创新业绩也是有目共睹，互联网、半导体、个人计算机操作系统 UNIX、激光器、全球定位系统（GPS）等许多重大科技成果都可以追溯到 DARPA 资助项目。

表3　海洋电子信息产业细分领域国内外代表单位

海洋电子信息	细分领域	国外代表	国内省外代表	广东省代表
应用系统		Amazon Google Microsoft	海兰信 中国卫通	海格通信 欧比特、邦鑫
通信网络	卫星通信	SpaceX INMARSAT GLOBAL STAR	中电 54 所 南京熊猫 中电 10 所	海格通信
	数字集群	摩托罗拉	海南宝通	海能达 海格通信
	短波	L3harris	南京熊猫	海格通信
	水声通信	Benthos	哈工程 西工大	华南理工 深圳智慧海洋
	海底光缆	美国 SubCom 日本 NEC 欧洲阿尔卡特朗讯	烽火通信 亨通光电 中天科技	深圳金信诺

海洋电子信息	细分领域	国外代表	国内省外代表	广东省代表
感知探测	时空服务	GPS 各大厂商	北斗星通 华力创通 振芯科技	海格通信 泰斗微电子
	探测测绘	Trimble	华测导航 高德红外	中海达 南方测绘
	雷达	雷声	哈工大 海兰信	海格通信
	仪器设备	linkquest、劳雷、德立达 Instruments	无	无
载体平台	无人机、船	诺斯洛普·格鲁门	航天彩虹 成飞	大疆、亿航、极飞、珠海云洲
	海工装备	韩日等各大造船企业	中船科技	中集、广船
	航空航天	SpaceX	航天科工、航天科技	深圳东方红

(二) 国内海洋电子信息产业发展现状

国内海洋电子信息产业细分领域多且分散，产业有显著的区位特点，当前已形成环渤海、珠三角、长三角、华中鄂豫湘、西部川陕渝等产业聚集区，以及以核心城市为中心竞相发展的基本产业格局。形成了北京、天津、石家庄、青岛、哈尔滨、上海、南京、苏州、杭州、深圳、广州、武汉、长沙、西安、成都等产业聚集重点城市。

根据相关单位注册地，结合国内海域分布情况，以及国家西部大开发战略，以下将国内研究区域划分为五大区域：①泛渤海、黄海区域，包括京、津、冀、鲁、辽地区，兼顾军工特色明显的哈尔滨；②泛东海区域，重点为江、浙、沪所在长三角地区，兼顾福建；③泛南海区域，重点为广东省所在粤港澳大湾区（将在第三章论述，此处略过）；④华中地区，重点为鄂、豫、湘；⑤西部地区，重点为川、陕、渝。

1. 泛渤海、黄海区域

以北京为中心的环渤海地区（包括北京、天津、河北、辽宁和山东等省市）是国内重要的海洋电子信息产业集聚地，该地区已基本形成了卫星设计、制造、系统运控，以及芯片、OEM板卡设计制造、终端产品设计制造、电子地图数据采集和系统集成等非常完善的产业布局。发展的主要特点：一是产业发展起步较早，发展速度全国领先，具有先发优势，上市企业数量占全国的80%；二是聚集了大量的优势技术资源，北京是产业高端技术资源的集中地，汇集了一大批空间信息领域的科研院所、高校等优质资源以及企业技术研发总部基地；三是北京具备全国第一的先行先试的政策优势，国家专项多优先在北京落地；四是北京集聚了大量支持科技创新的金融资源，拥有庞大的投融资群体、完善的服务体系以及丰富的资本运作经验。

泛渤海、黄海区域以北京为中心，依托政治中心资源优势，汇聚大量央企、985高校，在国内5个区域中综合优势突出。典型单位见表4。

表4 我国泛渤海、黄海区域海洋电子信息产业典型单位

分类	典型单位
应用系统	海兰信、金山科技
通信网络	中电科54所、哈工程、东方红
观测探测	海兰信、哈工大、北斗星通、北方导航
载体平台	中国卫通、中国海洋大学、青岛来福士
研究机构	青岛海洋科学与技术试点国家实验室、中国海洋大学

（1）海兰信

北京海兰信数据科技股份有限公司（简称海兰信）成立于2001年，2010年3月26日在深圳证券交易所上市，公司总部位于北京环保科技园，在海南三沙、广东、上海等地设有分支机构，在德国、新加坡、俄罗斯、加拿大等地设有分公司及研发中心。海兰信遵循"自主研发为基础、国际合作创一流"的研发理念，汇集了 200 余人的国际化研发团队，拥有近百项专利和软件著作权。2020 年集团总人数超过 600 人，产值 10 亿元。

海兰信公司业务范围覆盖航海领域的商船、海工特种船、公务船、渔船、舰船等多种船型，以及海洋信息化领域的物理海洋、海洋测绘、水下工程、海底观测、海上无人系统、海域管理等。海兰信公司一直是相关领域政府机构的供应商，为此类客户提供综合导航系统以及基于船端和岸基对海的监控管理系统等产品及服务。同时，海兰信公司服务于远洋运输、海洋工程、海洋科学考察、海洋环境以及海洋渔业等民用领域，为客户提供综合导航、海洋信息与监控管理等产品及服务。

海兰信公司"海事+海洋"的综合对海业务模式，可以在为客户提供船舶通导智能化系统解决方案，以及岸基和船载、舰载对海监控管理服务的同时，构建起"近岸+近海+中远海"与"水面+水下"相结合的"海空天一体化"海洋监测网和海洋信息化数据平台，为海域使用管理、海洋环境保护、海洋资源勘探和开发利用、海洋执法监察等工作提供有效的数据决策信息。

（2）北斗星通

北京北斗星通导航技术股份有限公司（简称北斗星通）成立于 2000年 9 月 25 日，是我国卫星导航产业首家上市公司。北斗星通因"北斗"而生，在我国首颗北斗卫星发射前夕注册成立；20 余年来，北斗星通伴"北斗"而长，推动并见证了我国卫星导航及相关产业发展。

今天的北斗星通已成为一家总资产超 70 亿元，员工人数逾 5000 人的科技产业集团，面向卫星导航及相关、微波陶瓷器件和汽车智能网联及工程服务三大业务方向，为全球用户提供卓越的产品、解决方案及服务。

随着北斗三号全球卫星导航系统建成开通、智能化时代的到来，我国北斗产业化进入了加速发展的"黄金时期"。北斗星通将顺应用户需求与商业模式变革、技术融合发展等趋势，紧抓历史机遇，持续创新突破，开启公司高质量发展新阶段，开创企业发展的"黄金新十年"，矢志成为客户信赖、员工自豪、受人尊重、国际一流的科技产业集团。

（3）中国卫通

中国卫通集团股份有限公司（简称中国卫通）是中国航天科技集团有

限公司从事卫星运营服务业的核心专业子公司，具有国家基础电信业务经营许可证和增值电信业务经营许可证，是我国唯一拥有通信卫星资源且自主可控的卫星通信运营企业，被列为国家一类应急通信专业保障队伍。

中国卫通运营管理着 14 颗优质的在轨民商用通信广播卫星，覆盖中国全境、澳大利亚、东南亚、南亚、中东以及欧洲、非洲等地区。公司拥有完善的基础设施、可靠的测控系统、优秀的专业化团队、卓越的系统集成和 7×24 小时全天候高品质服务能力，为广大民众提供安全稳定的广播电视信号传输，为国家政府部门和重要行业客户提供专属服务，为重大活动和抢险救灾等突发事件提供及时可靠的通信保障，赢得了广大客户的好评和高度信赖，树立了良好信誉和品牌形象。

（4）中电科 54 所

中国电子科技集团公司第五十四研究所（简称中电科 54 所）主要从事军事通信、卫星导航定位、航天航空测控、情报侦察与指控、通信与信息对抗、航天电子信息系统与综合应用等前沿领域的技术研发、生产制造和系统集成。下设 9 个事业部，具有通信网信息传输与分发技术重点实验室，卫星导航系统与装备技术国家重点实验室，以及集团级航天信息应用技术重点实验室，以及 3 个国家级研究开发和检验认证中心。

（5）哈尔滨工业大学

哈尔滨工业大学隶属于工业和信息化部，以理工为主，理工管文经法艺等多学科协调发展，有哈尔滨、威海、深圳 3 个校区。

哈尔滨工业大学充分发挥学科交叉、融合的优势，形成了由重点学科、新兴学科和支撑学科构成的较为完善的学科体系，涵盖理学、工学、管理学、文学、经济学、法学、艺术学等多个学科门类。哈尔滨工业大学现有 9 个国家重点学科一级学科，6 个国家重点学科二级学科。在教育部第三轮学科评估中，哈尔滨工业大学有 10 个一级学科排名位居全国前五位，其中力学学科排名全国第一。在全国第四轮学科评估中，哈尔滨工业大学共有 17 个学科位列 A 类，学科优秀率（A 类学科占授权学科的比例）位列全国第六位，A 类学科数量位列全国第八位，工科 A 类数量位列全国第二位。

哈尔滨工业大学坚持立足航天、服务国防、长于工程的办学定位，创立了中国高校第一个航天学院，发射了中国第一颗由高校牵头自主研制的小卫星，在中国首次实现了星地激光链路通信，首次实现了大型激光驱动器的全自动束靶耦合引导。诞生了中国第一台会下棋能说话的计算机，第一部新体制雷达，第一台弧焊机器人和点焊机器人，第一颗由高校学子自主设计研制管控的纳卫星，第一支登上春晚舞台的大学生机器人舞蹈队。实现了国际首次高轨卫星对地高速激光双向通信试验。突破了世界最大口径射电望远镜的支撑结构系统关键技术，支持中国"天眼"成功"开眼"。研制成功的空间机械手在天宫二号上实现了国际首次人机协同在轨维修科学试验。研制成功的新一代磁聚焦型霍尔电推力器在国际上首次实现空间应用，在国际上首次实现了形状记忆聚合物太阳能电池结构的在轨可控展开。首次揭示了艾滋病病毒毒力因子结构，让中国艾滋病结构生物学研究跻身世界前列。成功发射的"龙江二号"成为全球首个独立完成地月转移、近月制动、环月飞行的微卫星。首次解析 T 细胞受体–共受体复合物结构、成为国际细胞适应性免疫研究领域的里程碑。正在建设中国首个用于模拟太空极端环境的大科学工程，参与了探月工程等 14 个国家重大科技专项。刘永坦院士荣获 2018 年度国家最高科学技术奖，累计有 10 个项目入选中国高校十大科技进展。一大批成果助力"长征七号""长征五号"火箭首飞、天宫二号、神舟十一号载人飞行、嫦娥五号、"天问一号"等重大任务。曾获"中国载人航天工程协作贡献奖""中国载人航天工程突出贡献集体奖"等多个奖项，正在成为享誉国内外的理工强校、航天名校。

（6）青岛海洋科学与技术试点国家实验室

青岛海洋科学与技术试点国家实验室于 2013 年 12 月获科技部批复，2015 年 6 月试点运行，由国家部委、山东省、青岛市共同建设，旨在围绕创新驱动发展战略和建设海洋强国的总体要求，坚持"四个面向"，开展科技创新与体制机制创新，努力打造国家海洋战略科技力量。重点研究方向为：海洋动力过程与气候变化；海底过程与油气资源；海洋生态环境演变与保护；海洋生命过程与资源利用；深远海和极地极端环境与战略资源；海洋技术与装备。

2 泛东海区域

以上海和南京为代表的长三角（包括上海、江苏和浙江）是国内主要的电子信息产业研发、生产和应用地区，在产业中占有重要位置。长三角地区产业发展的主要特点：一是专业人才和产业发展基础在国内具有一定优势，具有较好的电子工业基础，企业研发能力较强，拥有核心技术；二是企业发展具有一定集聚性，产业链覆盖面较全；三是产业发展的市场基础较好，尤其在汽车应用、高精度接收机研发生产和集成应用方面具有一定优势，且积累了丰富的应用示范经验。

上海国家民用航天产业基地是我国第一个国家级航天产业基地，2006年开发建设，主要包括航天科技研发中心、航天科技产业基地和航天科普基地。其中：航天科技研发中心定位是打造集运载火箭、应用卫星、载人飞船、防空武器等航天产品研发、研制、试验于一体的航天科技研发基地；航天科技产业基地则以产业集群为目标，发展卫星导航应用和新能源产业，形成以卫星应用、航天技术及应用全面发展的产业格局。

表5 我国泛东海区域海洋电子信息产业典型单位

分类	典型单位
应用系统	复旦大学、阿里
通信网络	南京熊猫、亨通光电、中天科技
观测探测	浙江大学、华测导航
载体平台	中船科技
研究机构	浙江大学、复旦大学、东南大学等

（1）亨通光电

江苏亨通光电股份有限公司（简称亨通光电），中国光纤光网、智能电网、大数据物联网、新能源新材料、金融投资等领域的国家创新型企业，中国企业500强、中国民企100强。公司产业布局全国13个省，在苏州拥有3座高科技产业园（光通信科技园、海洋国际产业园、光电线缆产业园）。产品服务全球100多个国家的通信、电力、能源、海洋、航天及全球通信能源互联网系统集成工程。

（2）南京熊猫

南京熊猫电子股份有限公司（简称南京熊猫）于1992年4月由被誉

为中国电子工业摇篮的熊猫电子集团有限公司独家发起设立，是我国电子行业的骨干企业。1996 年 5 月和 11 月，公司分别在香港联交所和上海证交所挂牌上市，是我国电子信息行业第一家 A+H 股上市公司。

南京熊猫电子股份有限公司以现代数字城市、工业互联网与智能制造、服务型电子制造为三大主营业务。在现代数字城市业务领域，运用大数据、云计算、人工智能、5G 等技术，发展以智慧交通为核心，包括平安城市、数字园区等在内的现代数字城市业务集群；在工业互联网与智能制造领域，致力于提供基于工业互联网的智能制造核心装备和智能工厂整体解决方案，为企业实现数字化转型提供整体规划，打造制造企业核心竞争力，实现持续创新与成长；在服务型电子制造领域，通过智能化、柔性化和精益化管理，为国内外品牌厂商提供 3C 产品、新型显示模组组件、白电组件、汽车电子、通信设备及其他电子产品的研发和电子制造服务。

（3）中天科技

江苏中天科技股份有限公司（简称中天科技）于 2002 年上市，海底光缆电缆是其主要业务之一，旗下中天海洋装备产业紧抓海岛开发、海洋新能源开发、海洋资源勘探等海洋经济大发展机遇，坚持陆海并重、光电融合，提供海洋装备整体解决方案。

（4）华测导航

上海华测导航技术股份有限公司（简称华测导航）致力于提供高精度数据的采集和应用解决方案，专业从事高精度卫星导航定位相关软硬件技术产品的研发、生产和销售，主要产品包括高精度 GNSS 接收机、GIS 数据采集器、海洋测绘产品、三维激光产品、无人机遥感产品等数据采集设备，以及位移监测系统、农机自动导航系统、数字施工、精密定位服务系统等数据应用解决方案。

（5）浙江大学（海洋学院）

浙江大学海洋学院，是浙江大学在杭州本部以外建立的首个办学特区，坐落于中国第一大群岛和重要港口城市舟山。海洋学院的前身为2009 年成立的浙江大学海洋科学与工程学系。2015 年 9 月入驻舟山校区办学。

浙江大学海洋学院在海洋传感与网络方向致力于开展与海洋相关的信息领域前沿科学技术研究，为智慧海洋建设提供数据监测–通信传输–数据分析-系统控制一体化解决方案。面向我国在智慧海洋建设过程中遇到的水下信息传感、海面遥感、探测、传输、组网、处理、挖掘中的关键问题，重点研究海洋立体观测技术、通信网络、探测技术、信号处理、人工智能挖掘、系统控制等的科学研究与业务化应用，产学研结合，推动海洋观测、海洋通信与网络、海洋数据挖掘、水下智能控制等领域的发展，加快海洋信息化进程。在海洋电子与智能系统方向为智慧海洋建设提供集成智能系统与核心电子元器件，为我国在远洋、深海、岛礁、港口提供智能解决方案和分析手段；研究解决我国在海洋信息化进程中遇到的传感器、海洋通信终端和智能处理系统的缺"芯"之困；重点解决我国在海洋信息化进程中遇到的系统、高效通讯和巨复杂信息处理的难题；创新成果转化为实用的"海洋芯"和智能处理算法，推动海洋电子信息产业跨越式发展。

围绕国家海洋战略目标和舟山海洋工程装备等产业发展需求，浙江大学海洋学院在舟山校区建设了消声水池、波流水池、操纵性水池、60兆帕压力筒、双六自由度仿真实验平台等10余个具有国际一流水准、能满足多种海洋试验需求的大型实验设施。现有海洋工程装备国家地方联合工程实验室（浙江）、海洋感知技术与装备教育部工程研究中心、浙江舟山群岛海洋生态系统教育部野外科学观测研究站、海洋牧场水下在线监测科技团队全国工作站、浙江省海洋岩土工程与材料重点实验室、浙江省海洋观测–成像试验区重点实验室、海洋装备试验浙江省工程实验室、海洋工程材料浙江省工程实验室、海上试验浙江省科技创新服务平台、浙江省"智慧东海"协同创新中心、浙江省大湾区（智慧海洋）创新发展中心、山东省海洋牧场观测网数据中心、中国（浙江）自由贸易试验区研究院、舟山海洋电子信息产业创新服务综合体等科研平台，以及海洋电子信息技术浙江省领军型创新团队和海洋电子信息浙江省重点科技创新团队。

（6）复旦大学（大气与海洋科学系）

2018年1月，复旦大学批准建立大气与海洋科学系，2018年4月，大气与海洋科学系正式成立。大气与海洋科学系现设气象学与大气环境、气候系统和气候变化、大气物理和化学过程、海洋气象学与物理海洋4个学科方向。作为国家和社会的人才培养基地，一直以培养大气科学与海洋科学的尖端人才为理念。

中国气象局-复旦大学海洋气象灾害联合实验室依托复旦大学在大气科学和海洋科学，以及其他基础学科的优势，与中国气象局相关科研机构联合开展海洋气象基础科学研究，形成集支撑、研究和服务为一体的综合机构。从机理、监测和预测三方面开展海洋气象灾害方面的研究，培养海洋气象灾害理论研究和应用服务等优秀科技人才，从而显著提高海洋气象服务水平。主要目标为加强对海洋气象灾害形成物理机制的科学认识，提高海洋气象灾害的监测和预测能力，拓展海洋气象服务业务，培养具备国际竞争力的海洋气象灾害科研与技术开发团队，为国家防御海洋气象灾害、发展海洋经济和走向深远海等国家战略提供有力的气象保障。重点研究方向包括海洋气象监测技术与观测网络建设，海洋气象机理研究，海洋气象模拟与预测研究和海洋气象业务化服务。

（7）东南大学（信息科学与工程学院）

东南大学信息科学与工程学院之前身为南京工学院无线电工程系，其悠久厚重的历史可追溯至 1923 年的国立东南大学电机工程系。学院现有"电子科学与技术""信息与通信工程"2 个国家一级重点学科，并设有 2 个一级学科博士学位授权点及博士后流动站，涵盖"通信与信息系统""电磁场与微波技术""信号与信息处理""电路与系统"等 4 个国家二级重点学科。2017 年，"电子科学与技术"学科和"信息与通信工程"学科双双列入国家"双一流"学科建设名单，第四轮全国高校学科评估结果分别为 A 和 A-。

东南大学信息科学与工程学院现有移动通信国家重点实验室和毫米波国家重点实验室，以及移动信息通信与安全教育部前沿科学中心、无线通信技术国家"2011 计划"协同创新中心、水声信号处理教育部重点实验室、射频集成电路与系统教育部工程研究中心。东南大学信息科学与工程学院作为核心力量发起建设了网络通信与安全紫金山实验室，已成为国家实验室重要组成部分，入选国家战略科技力量。该实验室面向网络通信与安全领域国家重大战略需求，以引领全球信息科技发展方向、解决行业重大科技问题为使命，通过聚集全球高端人才，开展前瞻性、基础性研究，力图突破关键核心技术，开展重大示范应用，促进成果在国家经济和国防建设中落地。

3　华中地区

以武汉、长沙、郑州为代表的华中鄂豫湘地区在国内科技和人才基础雄厚，具有技术研发优势。华中鄂豫湘地区的产业基础良好，武汉和郑州在测绘科学领域有着深厚的科研和人才基础，长沙在军工和军民融合发展方面有先天的优势。在卫星定位导航与测绘应用技术创新及产业化研发方面，以武汉大学、信息工程大学测绘学院、中国人民解放军国防科技大学为代表的高校，其研发力量和人才团队在全国乃至全球都处于领先地位，在华中地区带动出一批具有创新优势和极具发展潜力的中小型科技企业。特别是武汉拥有国内最大的光电子信息产业集群，建设了一批公共服务平台，为产业技术研发提供了强有力支持。

武汉国家航天产业基地是我国首个国家级商业航天产业基地，2017年正式开工建设。战略定位主要包括：围绕新型运载火箭及发射服务、卫星平台及载荷、空间信息应用、地面及终端设备制造等领域，打造世界级商业航天产业基地；打造华中高端装备制造产业高地；在商业航天龙头项目牵引下，快速切入航天新材料领域，打造中部地区新材料产业示范区。

华中地区以武汉为中心，形成了光通信（海洋通信网络）、导航测绘（海洋感知探测）2个典型产业的聚集，并依托中船701所优势，具有较强的船舶电子总体设计能力。

表6　我国华中地区海洋电子信息产业典型单位

分类	典型单位
应用系统	中船701所
通信网络	烽火通信、武汉邮电科学院、华中科技大学
观测探测	高德红外、久之洋
载体平台	特种飞行器研究所
研究机构	国防科大、武汉大学、解放军信息工程大学

（1）烽火通信

烽火通信科技股份有限公司（简称烽火通信）是中国信科集团旗下上市企业，是国际知名的信息通信网络产品与解决方案提供商，国家科技部认定的国内光通信领域"863"计划成果产业化基地和创新型企业。

2015年，烽火通信科技股份有限公司响应国家海洋战略号召，启动海洋通信产品产业化工作，并选定辐射南海、眺望太平洋的珠海为海洋网络产业化基地，瞄准全球海洋通信市场。致力于海洋网络通信全面解决方案和总包业务；并面向包括海底光中继器在内的海洋通信全套系统，开发完全自主知识产权核心产品，提供有中继和无中继的海底光缆网络解决方案。

（2）高德红外

武汉高德红外股份有限公司（简称高德红外）创立于 1999 年，是规模化从事红外核心器件、红外热像仪、大型光电系统研发、生产、销售的高新技术上市公司。高德红外工业园位于"中国光谷"，占地 200 余亩，高科技人才 4 000 余名，市值 500 亿元，已建成覆盖底层红外核心器件至顶层完整光电系统的全产业链研制基地。作为以红外为主导的高科技公司，高德红外拥有自底层至系统的完整而全面的自主技术，并已构建完成从底层红外核心器件，到综合光电系统的全产业链研发生产体系。高德红外的红外探测器，可广泛应用于海事搜救、海事作业、海洋军事等场景。

（3）久之洋

湖北久之洋红外系统股份有限公司（简称久之洋）主要从事红外热像仪、激光测距仪的研发、生产与销售，是国内少有的、同时具备红外热像仪和激光测距仪自主研发与生产能力的高新技术企业，是中国高科技产业化研究会光电科技产业化专家工作委员会常务理事单位、中国光电子协会红外专业委员会常务理事单位、湖北省光学学会常务理事单位。久之洋公司主要产品包括具有先进水平的各型制冷红外热像仪、非制冷红外热像仪以及激光测距仪等产品，在红外热成像技术、激光测距技术、光学技术、电子技术、图像处理技术等方面具有综合学科优势，技术水平居国内领先地位。

（4）武汉大学（测绘学院）

武汉大学测绘学院是我国测绘高等教育和科学研究的著名学府，是全国高等学校测绘学科教学指导委员会主任单位。测绘学院立足测绘科学与技术发展前沿，综合办学实力强，人才培养质量高，设有国家信息化测绘人才培养模式创新实验区、国家级实验教学示范中心、国家级工程实践教育中心，对我国测绘教育和科技事业的发展具有引领性、示范性和辐射性，被誉为"测绘教育之都"。测绘学院设有 3 个系，即测绘工程系、导航工程系、地球物理系；5 个研究所，即测量工程研究所、空间信息工程研究所、航空航天测绘研究所、地球物理大地测量研究所、空间定位与导航研究所；2个部级重点实验室，地球空间环境与大地测量教育部重点实验室、自然资源部地球物理大地测量重点实验室。同时，设有全球卫星导航服务系统（IGS）连续运行跟踪站、武汉大学海洋研究院、武汉大学灾害监测与防治研究中心等教学科研机构。测绘学院近些年来承担国家973计划、863计划、科技支撑计划、国家自然科学基金、重点工程项目等各类科技项目1 000余项，获国家科技进步奖10余项，省部级科技进步奖100余项。

（5）国防科大

中国人民解放军国防科技大学（简称国防科大）的前身是1953年创建于哈尔滨的中国人民解放军军事工程学院，即著名的"哈军工"，陈赓大将任首任院长兼政治委员。"哈军工"创办于朝鲜战争期间，是中华人民共和国第一所高等军事工程学院，其卓越的办学成效铸就了我国国防科技和高等教育史上一座丰碑。1970年，学院主体南迁长沙，改名为长沙工学院。1978年，改建为中国人民解放军国防科学技术大学。1999年，长沙炮兵学院、长沙工程兵学院和长沙政治学院并入国防科大。2017年，中央军委决策，以国防科大、国际关系学院、国防信息学院、西安通信学院、电子工程学院，以及理工大学气象海洋学院为基础，重建国防科大，并将军委装备发展部第63研究所划归国防科大，归军委建制领导。

新一轮"双一流"建设高校及建设学科名单，国防科大建设学科为信息与通信工程、计算机科学与技术、航空宇航科学与技术、软件工程、管理科学与工程。

（6）解放军信息工程大学

中国人民解放军战略支援部队信息工程大学（简称解放军信息工程大学），以原中国人民解放军信息工程大学、中国人民解放军外国语学院为基础重建，隶属中国人民解放军战略支援部队，学校校区位于河南省郑州市、洛阳市，担负着为国防和军队现代化建设培养信息领域高层次专业化人才的重任。学校为军队2110工程重点建设院校、国家首批一流网络安全学院建设示范项目高校、中国人民解放军唯一的国家网络安全人才培养基地，也是国家非通用语人才培养基地、全军出国人员外语培训基地、外国军事留学生汉语培训基地。

学校创建于 1931 年 1 月，前身是军委工程学校第二部、第三部和东北民主联军测绘学校；先后由原解放军信息工程学院、解放军测绘学院、解放军电子技术学院和解放军外国语学院合并组建而成。

截至 2020 年 9 月，学校占地约 530 公顷，建有理、工、军、文、管交叉融合的学科专业体系，拥有 8 个一级学科博士学位授权点，18 个一级学科硕士学位授权点，5 个专业学位授权点。拥有 5 个国家重点学科，15 个军队（省级）重点学科，2 个国家特色建设专业。建有 1 个国家重点实验室，2 个国家工程实验室，1 个国家级工程技术研究中心，2 个国家级实验教学示范中心，18 个军队（省级）重点实验室、实验教学示范中心和工程技术研究中心。

4. 西部地区

以成都、西安、重庆为核心的西部川陕渝地区在我国卫星产业中的重要性呈上升态势。西部川陕渝地区产业发展的主要特点：一是国内龙头研发及应用单位汇集。二是西部地区拥有深厚的军工科研和人才基础，高校和研究院所云集，高端技术人才多，为产业的快速发展奠定基础和保障。三是西部地区地处中国西部大开发前沿，能够较容易享受到国家各项扶持政策，进而能够快速吸引企业入驻，带动当地经济发展。四是国家政策和资金的倾斜支持。

西安国家民用航天产业基地 2008 年正式揭牌，以国家战略需求和区域经济发展为牵引，发展航天及军民融合、卫星及应用、新能源、新一代信息技术四大产业，建设特色鲜明的世界一流航天产业新城。

表 7 我国西部地区海洋电子信息产业典型单位

分类	典型单位
应用系统	中电天奥
通信网络	西安电子科技大学、电子科技大学、西工大、西安光机所
观测探测	振芯科技、西南集成
载体平台	航天科技、航天科工等单位

114

（1）振芯科技

成都振芯科技股份有限公司（简称振芯科技）是一家致力于围绕北斗卫星导航应用的"元器件-终端-系统"产业链提供产品和服务的公司，拥有北斗分理级和终端级的民用运营服务资质，主要产品包括北斗卫星导航应用关键元器件、高性能集成电路、北斗卫星导航终端及北斗卫星导航定位应用系统。

（2）中电天奥

中电天奥有限公司（简称中电天奥）2019年6月成立，由中国电子科技集团有限公司独资控股，在原中国电子科技集团有限公司第十研究所（以下简称十所）的基础上组建而成。十所1955年于北京成立，1957年迁址成都，是新中国成立后组建的第一个综合性电子技术研究所。

中电天奥总占地面积100余公顷，目前为四点布局，分别为十所本部、成都市高新西区天奥科技产业园、西南地区电子试验外场辅场、双流产业分园。中电天奥拥有电科集团航空电子信息重点实验室、智能联合情报重点实验室、西南电子元器件复验/筛选中心、综合环境实验室、天奥校准/检测实验室（国防科技工业5113二级计量站）、计算机网络、SMT中心、电磁兼容工程与测试中心、北斗卫星导航产品2501质量检测中心、大型微波暗室以及先进的综合环境实验室，拥有各类仪器、设备，各种图书资料34万余册。

中电天奥现有成都天奥集团有限公司、成都天奥电子股份有限公司（上市公司）、成都天奥信息科技有限公司、成都天奥测控技术有限公司、成都天奥技术发展有限公司、四川天奥空天信息技术有限公司、成都天奥集团有限公司网络工程分公司、成都天奥集团有限公司高新航天分公司等多家下属公司，是中电天奥民品产业的发展平台，目前已逐步形成以信息产业为主、综合经营为辅的科、工、贸一体化的现代经营实体，主要从事空天信息应用与服务、国家和公共安全大数据应用、时间频率、测试测控、校准检测技术服务等业务领域工作。

（3）西南集成

重庆西南集成电路设计有限责任公司（简称西南集成）是中电科声光电科技股份有限公司下属的全资高科技企业，于2000年6月在重庆登记注册。

西南集成致力于硅基半导体模拟元器件及模组设计与产品的开发、生产和销售，开发了无线通信、卫星导航、短距离通信、电源管理、光伏保护等系列产品，广泛应用于物联网、绿色能源和安全电子等领域，可为客户提供核心芯片、模块、组件、系统解决方案等多种产品形态和服务。拥有多项发明专利、布图设计登记等知识产权，具有国际较先进的硅基半导体模拟元器件及模组设计与产品开发能力，在国内硅基射频集成电路行业处于领先地位，是我国在集成电路领域自主创新、自立自强的中坚力量。

西南集成拥有较强的电路设计、测试分析和应用解决方案等专业技术团队；拥有先进的软硬件平台；拥有丰富的上、下游资源，产品在市场上具备核心竞争力。被评为"国家信息产业基地龙头企业""中国卫星导航与位置服务行业五十强企业""国家规划布局内重点集成电路设计企业""全国电子信息行业优秀创新企业""最具投资价值企业""十年中国芯优秀设计企业""重庆制造业企业100强"等称号。

（4）西安电子科技大学

西安电子科技大学是以信息与电子学科为主，工、理、管、文多学科协调发展的全国重点大学，直属教育部，是国家"优势学科创新平台"项目和"211工程"项目重点建设高校之一、国家双创示范基地之一、首批35所示范性软件学院、首批9所示范性微电子学院、首批9所获批设立集成电路人才培养基地和首批一流网络安全学院建设示范项目的高校之一。2017年学校信息与通信工程、计算机科学与技术入选国家"双一流"建设学科。

西安电子科技大学是国内最早建立信息论、信息系统工程、雷达、微波天线、电子机械、电子对抗等专业的高校之一，开辟了我国IT学科的先河，形成了鲜明的电子与信息学科特色与优势。"十三五"期间，学校获批8个国防特色学科。学校现有2个国家"双一流"重点建设学科群（包含信息与通信工程、电子科学与技术、计算机科学与技术、网络空间安全、控制科学与工程5个一级学科），2个国家一级重点学科（覆盖6个二级学科），1个国家二级重点学科，34个省部级重点学科，14个博士学位授权一级学科，26个硕士学位授权一级学科，10个博士后科研流动站，

116

65 个本科专业。全国第四轮一级学科评估结果中，3 个学科获评 A 类：电子科学与技术学科评估结果为 A+档，并列全国第 1；信息与通信工程学科位于 A 档；计算机科学与技术学科评估结果为 A-档，学校电子信息类学科继续保持国内领先水平。根据 ESI 公布数据，西安电子科技大学计算机科学学科位列全球排名前 100 位，工程学学科进入全球前 1‰。

（5）电子科技大学

电子科技大学坐落于四川省成都市，1960 年被中共中央列为全国重点高等学校，2001 年进入国家"985 工程"重点建设大学行列，2017 年进入国家建设"世界一流大学"A 类高校行列。电子科技大学成为一所完整覆盖整个电子信息类学科，以电子信息科学技术为核心，以工为主，理工渗透，理、工、管、文、医协调发展的多科性研究型大学，成长为国内电子信息领域高新技术的源头，创新人才的基地。

电子科技大学现有电子科学与技术、信息与通信工程 2 个国家一级重点学科（所包括的 6 个二级学科均为国家重点学科），以及光学工程、计算机应用技术 2 个国家重点（培育）学科。电子科技大学与海南省合作建设海洋电子信息领域国家级科研集群，服务国家战略和自由贸易港建设。电子科技大学将积极发挥在电子信息领域学科链、创新链和人才链的优势，联合相关高水平科研机构，结合海南独特的海洋研究条件，吸引、汇聚全球优秀人才和科研成果落户海南，建设海洋电子信息领域国家级科研集群，为国家海洋战略和海南自由贸易港建设提供强有力支持。

（6）西北工业大学（航海学院）

西北工业大学航海学院作为西北工业大学"三航"特色学院之一，是我国海洋技术与工程领域科学研究和人才培养的"双一流"重点建设学院之一，主要从事水中兵器、水声工程、水下航行器、海洋工程等领域的科学研究和人才培养。

西北工业大学航海学院现拥有"水下信息与控制"国家级重点实验室、"声学工程与检测技术"国家专业实验室、2 个工信部重点实验室、2 个省部级协同创新中心、1 个全国示范性全日制专业学位研究生联合培养实践基地、1 个陕西省海洋工程与技术检验检测共享平台、1 个陕西省重点实验室、2 个省部级实验教学示范中心、2 个陕西省人才模式培养示范区、1个陕西省虚拟仿真实验教学中心。学院拥有高速水洞、大型消声水池、大型综合水池、拖曳水池、水下物理场仿真、水下动力推进、声与振动控制、导航与控制仿真中心等实验室，开展导航定位、水下探测、水下信息处理、震动与噪声控制、水下发射等方面的研究工作，满足师生教学、科研工作学习。

（三）新冠肺炎疫情对海洋电子信息产业发展的影响

1. 对电子信息产业的影响

2020年暴发的新冠肺炎疫情深刻影响了各产业发展。新冠肺炎疫情对电子信息产业造成的影响主要在于成本增加、疫情防范、原材料及物料供应不足。得益于我国新冠肺炎疫情防控措施得当有力，电子信息产业在全面助力抗击新冠肺炎疫情工作方面发挥了重要作用，有望迎来新的发展机遇。体现在：

（1）制造业，尤其是电子信息占比高的城市，复苏速度可能更快。制造业在经济稳增长中贡献突出，SARS疫情时，制造业占比高的城市在发生SARS疫情后往往复苏得较快，且效率更高，预计此次新冠肺炎疫情制造业也将在稳增长中发挥重要的作用。

（2）消费电子需求有望释放。下游需求萎缩会影响上游电子供应链的备货，但是中期来看，挤压的需求有望于新冠肺炎疫情后释放，需求只会迟滞不会消失。

（3）新冠肺炎疫情或为半导体产业带来新机遇。此次新冠肺炎疫情的暴发将会给人们的生产生活方式带来改变，由此催生的新应用领域将会成为驱动半导体产业发展的新动力，从这个角度看，新冠肺炎疫情也给半导体产业带来了新的发展机遇，引发更多的市场需求，并将推动集成电路产业国产化步伐加快。

（4）我国产业互联网将加速推进。此次抗击新冠肺炎疫情，电子信息技术大放异彩，成为战胜病魔的"新式武器"。可以预计，经过实战检验的人工智能AI、区块链、云计算、大数据、边缘计算、物联网等技术将在经济社会发展主战场加速应用实施。互联网正在加快从信息科技走向数字科技，从传统互联网走向智慧互联网。

（5）远程办公或将加速。随着用户对于智能会议的逐渐认可，我国智能会议市场渗透率不断提升，市场规模增长迅速；在新冠肺炎疫情持续影响下，将进一步推动远程办公习惯。

2. 对海洋的影响

来自中国南京大学和美国加州大学圣地亚哥分校的研究人员在 2021 年 11 月 8 日在美国《国家科学院院刊》上发表论文称，他们开发了一个新模型，用来预测与新冠肺炎疫情相关的塑料废物被丢弃后有多少会进入海洋。结果显示，截至 2021 年 8 月 23 日，大约 28 550 吨新冠肺炎疫情相关塑料碎片已被 369 条主要河流运到了海洋中。其中大部分塑料（约 87.4%）用于医院，7.6% 用于个人，包装和检测工具分别占废物总量的 4.7% 和 0.3%。3 年后，大部分塑料碎片将从海洋表面转移到海滩和海底，其中 70% 以上的碎片将被冲到海滩上。研究人员在论文中指出，"我们的模型表明，到本世纪末，几乎所有与新冠肺炎疫情相关的塑料最终都会沉入海底（28.8%）或被卷到海滩上（70.5%），这可能损害海洋生态系统"。

3. 对海洋电子信息产业的影响

短期看，一是新冠肺炎疫情深刻影响了供应链的全球化，造成了产品涨价、交付周期变长；二是各国各地隔离政策提升了信息化需求，新一代信息技术应用加速实施。

长期看，一是新冠肺炎疫情损害海洋生态系统，影响海洋的可持续发展，迫切需要提升海洋电子信息水平，以信息化手段加快、加大、加深对海洋的感知探测，保护海洋；二是新冠肺炎疫情给全球各国造成的经济、社会问题，为争端、冲突埋下隐患，海洋在经济发展格局和对外开放中的作用更加重要，在维护国家主权和安全，以及权益维护中的地位更加突出，海洋电子信息的国产化必将进一步提速，这对核心技术的掌控提出了更高的要求。

三、广东省海洋电子信息产业发展现状与前景分析

（一）广东省海洋电子信息产业发展现状

1 企业情况

广东省拥有电子产品制造加工优势，产业配套能力强，电子信息与通信产业链完善，通信方面拥有华为、中兴等世界知名企业。在海洋电子信息产业发展过程中，突破了多项核心关键技术，并形成了产业化应用。在核心技术突破攻关方面，取得了长足进步，在国内形成了优势的技术力量，完成卫星通信、短波、移动通信、超短波、数字集群等通信网络装备、航迹记录仪 VDR、自动识别系统 AIS、自动应答系统 ADS-B、综合控制台、船载通信导航系统、探测雷达等科研攻关。涉海电子信息单位初步统计分类如表 8 所示。

表 8　广东省海洋电子信息产业典型单位

分类	典型单位
应用系统	海格通信、欧比特、邦鑫数据、腾讯等
通信网络	海格通信、中电科七所、杰赛、华为、中兴、金信诺、海能达、深圳智慧海洋、中国长城计算机深圳股份有限公司（旗下武汉中原电子集团 710）等
感知探测	海格通信、中海达、南方测绘、中科院南海研究所、欧比特等
载体平台	大疆、珠海云洲、亿航、极飞、中集、广船等
研究机构	南方海洋实验室、中山大学、华南理工大学、暨南大学、广东工业大学、广东海洋大学等

表 8 中，6 家上市公司 2021 年度营收合计约 228 亿元，另外中兴 2021 年度营收 1 145 亿元，华为 2021 年度营收 6 268 亿元。

（1）海格通信

广州海格通信集团股份有限公司（简称海格通信）2010 年上市，是国

120

家创新型企业、全国电子信息百强企业之一的广州无线电集团的主要成员企业。海格通信是国家火炬计划重点高新技术企业、国家规划布局内重点软件企业，自 2003 年起连续入选中国软件业务收入前百家企业，拥有国家级企业技术中心、博士后科研工作站、广东省院士专家企业工作站，是全频段覆盖的无线通信与全产业链布局的北斗导航装备研制专家、电子应用系统解决方案提供商。2021 年营收 54 亿元。

（2）中海达

广州中海达卫星导航技术股份有限公司（简称中海达）成立于 1999 年，2011 年 2 月 15 日在深圳创业板上市，是北斗 + 精准定位装备制造类第一家上市公司。中海达旗下拥有 20 余家直接控股子公司，28 家分支机构，3 000 多名员工。产品销售网络覆盖全球逾 60 个国家，全球拥有 100 多家合作伙伴，形成了覆盖全球的销售及服务网络。

中海达深耕北斗卫星导航产业，是国产卫星导航接收机（RTK）的先行者，持续多年开创行业前沿技术。公司以卫星导航技术为基础，融合声呐、光电、激光雷达、UWB 超宽带、惯导等多种技术，已形成"海陆空天、室内外"全方位的精准定位产品布局，可提供装备、软件、数据及运营服务等综合解决方案。2021 年营收近 18 亿元。

（3）南方测绘

广州南方测绘科技股份有限公司（简称南方测绘）创立于广州，是一家集研发、制造、销售和技术服务于一体的测绘地理信息产业集团。业务范围涵盖测绘装备、卫星导航定位、无人机航测、激光雷达测量系统、精密测量系统、海洋测量系统、精密监测及精准位置服务、数据工程、地理信息软件系统及智慧城市应用等，致力于行业信息化和空间地理信息应用价值的提升。

（4）金信诺

深圳金信诺高新技术股份有限公司（简称金信诺）——信号联接技术创新者，成立于 2002 年 4 月 2 日，是一家集研发、生产和销售于一体的高科技民营上市公司，专注通过 5G 与智联网的前瞻布局为全球多行业、多领域的核心客户提供高性能、可设计定制的全系列信号互联产品、解决方案和服务。

金信诺在全球布局了以 5G 研究所、PCB 研究所、光研究所、线缆研究所和连接器研究所、电磁与信号系统研究所为核心的五大研究所，以及和东南大学合作成立了人工智能联合实验室，基于 5G+AI 探索更多商业的可能性。作为中国第一家同时主导制定连接线及连接器国际标准的企业，目前已制定并颁布 13 项 IEC 国际标准，8 项国家标准，12 项行业标准，38 项国军标准。此外，金信诺还取得了 47 项发明专利，22 项国防专利以及 359 项实用新型专利。2021 年营收 27 亿元。

（5）海能达

海能达通信股份有限公司（简称海能达）是总部位于中国深圳的全球化民营上市公司，1993 年成立，是全球领先的专用通信及解决方案提供商，致力于为公共安全、应急、能源、交通、工商业等行业客户，在日常工作与关键时刻，提供更快、更安全、更多联接的通信设备及解决方案，助力城市更高效、更安全。2021 年营收 57 亿元。

（6）欧比特

珠海欧比特宇航科技股份有限公司（简称欧比特），其建设并运营的"珠海一号"卫星星座是我国首家由民营上市公司建设的星座。该星座分两期实施：第一期制造发射 14 颗卫星，建设 4 个地面接收站、1 个卫星大数据中心、1 个卫星大数据产业孵化园区；第二期制造发射 20 颗卫星，建设 4 个地面接收站和 1 个卫星大数据产业孵化园区，计划于 2023 年完成。目前，已经按计划发射了 12 颗卫星（4 颗视频卫星、8 颗高光谱卫星），卫星在轨运行正常；其中 8 颗高光谱卫星成为国际领先的高光谱卫星星座，具备 2.5 天对全球扫面一遍的能力；在漠河、珠海、青岛、石河子四地已经建成了 4 个地面接收站，7 幅卫星接收天线；在珠海建成了卫星大数据中心；至此，欧比特具备了卫星运控、数据接收、处理、存储、分发等能力。同时，在珠海及青岛分别启动了"卫星大数据产业孵化园"的建设。依托自身的卫星大数据资源，积极拓展在各领域的规模化应用。欧比特发挥在智能测绘、卫星大数据及人工智能领域优势，积极打造并推出了"绿水青山一张图"服务平台。该平台结合"卫星空间信息平台"、智能测绘及"珠海一号"卫星星座数据采集的优势，以准实时、高光谱、多波段的卫星大数据，可更好地服务于自然资源、空间规划、国土资源、城市管理、生态环保、农业农村、精准农业、智慧海洋、应急管理、防灾减灾、智慧交通等应用领域，为政府提供决策支持、提高管控能力、实现智慧城市管理信息化提供客观依据和支持。2021年营收近7亿元。

（7）杰赛科技

广州杰赛科技股份有限公司（简称杰赛科技）是高新技术企业和创新型企业，是由中国电子科技集团公司第七研究所民品部门于2000年转制组建的国有控股股份制上市企业。

杰赛科技业务范围涵盖电子信息与通信领域，可提供的产品和服务包括：移动通信网络规划设计、通信/特种印制电路板制造、专用网络电子系统工程（智慧城市、物联网、云计算）、网络覆盖产品（天线、直放站、WLAN等）。2021年营收65亿元。

（8）深圳智慧海洋

深圳市智慧海洋科技有限公司（简称深圳智慧海洋）是一家从事海洋通信、海洋电子信息、海洋智能高端装备的研发与生产，致力于成为水下无线通信及网络整体方案提供商的开创型高科技公司。

深圳智慧海洋的水声通信和水下组网技术处于世界领先水平，可应用于水下无线通信基础设施建设，构建"水下WiFi"网络及"水下卫星"导航通信网络，打造水下移动平台自组织（Ad Hoc）网络，还可集成海洋感知、智能控制、数据分析、数据融合与可视化等技术，与水上通信构成"空天地海"一体化通信网络，并使得无线可遥控水下机器人（Wireless Remotely Controlled Vehicle，WRV）成为现实。目前在研的基于"人在回路"的深水常驻机器人（Resident Autonomous Underwater Vehicle，RAUV）系统将为中国在高端智能海工装备领域抢占又一个技术制高点。

2 科学研究

（1）南方海洋科学与工程广东省实验室

2018年，为深入贯彻落实习近平总书记视察广东重要讲话精神，大力实施创新驱动发展战略，推动高质量发展，广东省启动建设第二批广东省实验室，南方海洋科学与工程广东省实验室在广州、珠海、湛江市同步建设推进。

南方海洋科学与工程广东省实验室（珠海）由珠海市人民政府举办，中山大学牵头建设和管理。围绕海洋环境与资源、海洋工程与技术、海洋人文与考古三大研究领域，以"崇尚首创，力争最优"为标准，已布局建设18个创新团队。实验室创新团队通过机制体制创新，形成紧密、稳定、长期的实质性合作，实施多学科交叉融合重大项目，争取在科学前沿、核心关键技术和重大工程实际应用上取得创新性成果，服务国家海洋和区域社会经济发展。

南方海洋科学与工程广东省实验室（广州）（简称广州海洋实验室）成立于2018年11月，是广州市人民政府举办的省级科研事业单位，由中国科学院南海生态环境工程创新研究院和广州海洋地质调查局牵头，协同香港科技大学、南方科技大学等优势力量共建。以"立足湾区、深耕南海、跨越深蓝"为使命定位，聚焦"南海边缘海形成演化及其资源环境效应"核心科学问题，着力解决大湾区岛屿和岛礁可持续开发、资源可持续利用、生态可持续发展等关键核心科技难题，实验室位于广州市南沙区。

南方海洋科学与工程广东省实验室（湛江）（简称湛江湾实验室）以湛江市人民政府作为建设主体，主要依托中国船舶集团有限公司、中国海洋石油集团有限公司、广东海洋大学和广东医科大学等单位共同建设。实验室结合湛江海洋基础优势与面向南海的地域优势，围绕国家海洋强国战略，聚焦海洋装备、海洋能源、海洋生物等领域，重点突出深海装备、海洋牧场和军民融合等方向，着重开展应用基础研究、应用开发研究，重点解决拉动广东（湛江）海洋产业发展的重大科学问题，突破核心关键技术，布局系列海洋功能研究中心、大型科学装置、公共服务平台等，建成具有国际和国内重大影响力的一流海洋创新高地，打造国家实验室预备队。

（2）中山大学

第二轮双一流大学名单公布，中山大学双一流学科有哲学、数学、化学、生物学、生态学、材料科学与工程、电子科学与技术、基础医学、临床医学、药学、工商管理等11个。

2019年，中山大学牵头承研国家重点研发计划"宽带通信与新型网络"专项"面向海洋覆盖的应用示范网络"项目。该网络以10吉比特每秒的激光通信、100 兆比特每秒的卫星通信链路、1 吉比特每秒的微波通信构建高速骨干通信网络，完成数据的高速回传；以海岛高塔、浮空平台、海洋综合观测浮台、海上钻井平台、6 米/1.2 米锚泊浮标、海上船舶等为载体，搭载 4G/5G 宏基站、小微基站、NB-IoT 基站组成接入网络，完成海量终端的接入；以浮标间的协作构建无线自组织网络，完成覆盖区域的扩展接入。项目拟在广东省海域群岛中，选择距离陆地较远的某岛屿为通信铁塔建设点，形成 1 万平方千米的区域覆盖。进一步地辅以可在岛礁上部署、升空高度可调的浮空平台，搭载 4G/5G 通信系统，实现灵活机动、覆盖范围可变的网络服务。在主覆盖区内，海洋信息、边界监控、船舶态势等信息可以通过公网传递给陆地通信网络；主覆盖区域之外，通过海洋综合观测浮台、钻井平台、志愿船、灯塔、航标等搭载的基站形成局部热点覆盖，辅以中继节点协作形成区域自组网络，并以 Ku/Ka 或 S 频段卫星通信设备与公网实现互通。

（3）华南理工大学（电子与信息学院）

华南理工大学电子与信息学院有信息与通信工程和电子科学与技术 2 个国家一级学科，有多个国家级和省部级教学科研平台，有引才育才的优良环境。近年来在移动超声探测、人体数据科学、陆海一体化网络、人工智能系统技术、集成电路与微电子等方面均形成了鲜明的研究特色与优势，建有国家移动超声探测工程技术研究中心。

3 总体评价

我国电子信息产业通过近 20 年的努力发展，在通信、消费电子领域有了长足进步，但在核心高端器件、基础软件、仪器设备方面与国际先进水平仍有较大差距，海洋电子信息作为电子信息在海洋应用的分支，同样面临挑战。

广东省海洋电子信息产业目前呈现"两头小（应用系统、感知探测）+中间大（通信网络）"的格局，表现为通信产业和电子制造业发达、产业链完善、配套齐全，在参与国家级系统工程的总体设计与实施方面有待补强，在感知探测层面的核心技术与关键器件方面有待突破。在载体平台方面形成了新兴产业特色，在未来应用极具潜力的无人机方面具有领先优势，拥有世界级无人机企业大疆，以及特色企业广州亿航、极飞等企业。

以广州、深圳为中心的珠三角地区是国内最主要的海洋电子信息相关终端设备生产集散地，是当前国内海洋电子信息产业发展最早、市场化最好的地区。珠三角地区产业发展的主要特点：一是商业环境、商业文化优势，珠三角地区活跃的市场经济氛围使当地民营企业拥有灵活的资本运作能力和强大的市场拓展能力；二是政府服务高效而规范，企业生存附加成本低；三是拥有电子产品制造加工优势，产业配套能力强，形成了完整的海洋电子信息产业链。

珠三角地区研究机构颇具实力，拥有中山大学、华南理工大学、暨南大学、广东工业大学、广东海洋大学等高校，分别在通信、水声等方面展开长期研究。依托中山大学、中科院南海所、广东海洋大学组建了南方海洋实验室，形成了山东—广东的南北海洋实验室格局。

（二）海洋电子信息产业发展环境

1 政治环境

2020 年 8 月 26 日，美国商务部网站发布声明称，将 24 家中国企业列入制裁"实体清单"。2021 年 8 月美军撤离阿富汗，未来美国战略重心将重返亚太。中美在科技、贸易、军事等领域竞争与博弈将进一步加剧，太平洋地区将是未来中美博弈的重点区域。广东省濒临南海，海岸线漫长，必须依托安全、自主、可靠、可信的电子信息核心技术、装备、系统，支撑海洋强国战略的实施。

2 市场环境

根据《广东海洋经济发展报告（2021）》，2020 年广东海洋生产总值超 1.7 万亿元，连续 26 年位居全国首位。发达的海洋经济催生了大量海洋电子信息需求，科学考察、勘探与探测监测、运输、渔业、气象预报、权益维护、资源开采等海洋相关产业活动均离不开电子信息。

2021 年 8 月 9 日，广东省人民政府印发《广东省制造业高质量发展"十四五"规划》。规划提到，全省已形成新一代电子信息、绿色石化、智能家电、先进材料、现代轻工纺织、软件与信息服务、现代农业与食品等7个产值超万亿元产业集群，5G产业和数字经济规模全国第一。规划提出，到2025年，新一代电子信息产业营业收入达到6.6万亿元，形成世界级新一代电子信息产业集群。

两个万亿级产业（海洋经济、新一代电子信息）的碰撞与融合，必将催生千亿级以上的新业态（海洋电子信息），服务于海洋其他产业高效运作。

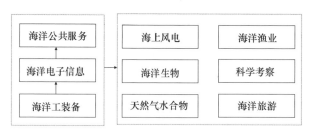

图1 海洋电子信息产业服务领域

舰船电子信息行业具有较高的技术壁垒，在工程技术方面体现在设备工作环境差、种类复杂、电磁环境干扰严重等；在工程管理方面体现在研制周期长、生产批量少，经费需求量大。

民船电子设备虽占总船造价较低，但民船市场空间较大。每年全球船舶电子设备市场需求超300亿元，我国国内市场空间约100亿元，但因国外技术垄断及入级标准限值等原因，民船电子设备国产化率极低。随着国家高端制造业的不断完善，民船市场的电子设备的国产化率将不断提升。

3. 产业环境

广东省通信产业和电子制造业发达，产业链完善，配套齐全，活跃的市场经济氛围使当地民营企业拥有灵活的资本运作和强大的市场拓展能力，政府服务高效而规范，企业生存附加成本低。这一切均造就了良好的产业环境。

（三）海洋电子信息产业趋势分析

海洋作为蕴含着巨大自然资源的宝库，也是国家重要的战略发展空间。海洋信息化是建设海洋强国的关键一环,加快建设以信息为主导的"智慧海洋",可以有效提升我国开发和管控海洋的能力,是发展海洋经济、保护海洋环境、建设海洋强国的时代要求。基于物联网的海洋电子信息具有智能化、小型化、低成本、低功耗、低时延等优势,是实现海洋透彻感知、加快海洋信息化建设的重要技术手段之一。目前,我国的海洋电子信息建设面临自主产权的核心海洋传感器缺乏,以及深远海数据实时传输能力不足和信息安全等一系列问题。构建海洋电子应用系统的关键在于突破核心海洋传感器研制,大力发展基于卫星的全球海洋通信与环境探测体系,同时发展基于无人机的区域海洋环境机动探测系统,两者相辅相成,优势互补,实现天空、海面、海中、海底的一体化感知探测。

1. 通信网络

卫星通信已发展成为海洋通信网络主流技术。目前卫星通信系统包括高通量卫星通信和天通卫星通信,以及国际海事卫星 INMARSAT、全球星(Globalstar)通信等。国家自主可控主要集中在高通量卫星和天通移动通信卫星通信产业发展。目前整个海洋通信行业产值在 400 亿元规模,其中卫星通信占一半以上。随着国家卫星星座的发射,国家卫星互联网的建设,整个产业正在快速发展。

近年来,美欧等主要国家加快部署卫星互联网,Space X、OneWeb、Facebook 等科技巨头积极参与,推动形成了全球卫星互联网建设新浪潮。在全球卫星互联网发展推动下,我国制定了一系列火箭研发、卫星制造、卫星应用等领域向民间资本开放的政策,卫星互联网技术不断创新,应用范围不断扩展,国内知名商业航天公司不断涌现。

我国商业航天发展起步相对较晚,2014 年 11 月 26 日,国务院发布《关于创新重点领域投融资机制鼓励社会投资的指导意见》,提出"鼓励民间资本研制、发射和运营商业遥感卫星,提供市场化、专业化服务",为我国民营企业开展卫星互联网领域技术创新和应用实践探索奠定良好基础,我国商业航天迎来快速发展期。

2020 年 4 月,中国国家发改委将"卫星互联网"列入"新基础设施"名单。9 月,中国卫星网络集团有限公司已向国际电信联盟(ITU)递交了频谱分配档案，以获取两个名为 GW-A59 和 GW-2 的宽带星座，其计划中的卫星数量达到了 12992 颗。

（1）多因素叠加利好我国卫星通信产业发展

在《国家民用空间基础设施中长期发展规划（2015—2025 年）》、"一带一路"倡议和军民融合等多个国家政策的推动下，我国卫星通信将逐步成为继北斗后卫星产业发展的新一轮热点。一方面，目前我国卫星应用主要以北斗导航和遥感为主，通信卫星的数量偏少、比例偏低，限制了卫星通信应用的发展；另一方面，卫星通信是军工信息化、"天基丝路"、建设海洋强国和"宽带中国"的重要支撑，是我国空间技术发展的重点之一。此外，未来我国计划发射多颗移动通信卫星、高通量通信卫星，目标是建成覆盖范围广、价格有竞争力、安全有保障的卫星通信网络。

可以预见，随着卫星通信网络的完善，将促进卫星通信向个人消费和各垂直行业的加速渗透，形成服务带动运营，运营带动发射，发射带动制造全产业链良性正向循环的新局面。

（2）低轨卫星星座将进一步降低成本以提高竞争力

面对地面光纤网络以及移动通信运营商等市场先入企业的竞争，低轨卫星星座要获得商业上的成功必须降低综合成本，在普通消费群体中获得用户规模。从发射成本来说，低轨道小卫星的发射成本相比高轨和中轨卫星具备天然的优势。

目前已有卫星发射企业研发了针对小卫星的诸多发射方案，随着低轨卫星星座市场的不断成熟，预计发射成本还将继续降低。在制造成本方面，目前国内外卫星制造商尝试通过 3D 打印等方式，实现小卫星的批量生产，预计将会极大降低单颗卫星的制造成本。随着卫星制造、卫星发射、地面终端和运营服务等产业链各环节的成熟，低轨卫星星座的建设和运营成本将进一步降低，成为消费者接入互联网的又一优势选项。

（3）低轨卫星互联网和卫星物联网服务将率先落地

从 2020 年开始，低轨卫星互联网开始进入实质部署阶段，竞争空前加剧。OneWeb 公司和 SpaceX 公司于 2019 年开始部署其近地轨道巨型星座。两家公司都计划在全球范围内覆盖互联网，为数十亿未连接的用户提供互联网宽带。此外，卫星物联网领域也将迎来全面爆发。2018 年，美国铱星公司宣布加入亚马逊网络服务合作伙伴关系，计划于 2019 年推出云连接服务，为卫星物联网客户提供更快速、成本更低的全球连接；俄罗斯航天国家集团计划打造"马拉松"物联网卫星系统。卫星物联网将与低轨卫星互联网同步加速发展，为互联网应用和物联网应用创造广阔的市场空间。

（4）卫星通信频段由低频段向高频段发展

根据 ITU《无线电规则》的相关规定，国际上卫星通信系统可以使用的频段包括甚高频（VHF）、特高频（UHF）、超高频（SHF）和极高频（EHF）。受无线电传播特性、技术和设备等方面的限制，目前卫星通信使用的频谱资源主要为 UHF 频段（400/200 MHz）、L 频段（1.6/1.5GHz）、C 频段（6/4 GHz）、X 频段（8/7GHz）、Ku 频段（14/12 GHz）、Ka 频段（30/20 GHz）。

随着低频段频谱资源的不断占用以及人们对于高速通信需求的不断提升，现有的 Ku、Ka 等高频段资源也难以满足巨大的频谱需求缺口。目前美国等国家和地区正在对频率更高的 Q 频段和 V 频段进行开发，预计将成为下一代通信卫星的主要发展方向。同时，太赫兹频段在卫星通信中的应用也已成为业界关注的焦点之一。

总体来看，卫星通信从低频段向高频段发展已成为大趋势，高频段将成为各卫星通信产业制造商和运营商布局和争夺的焦点。

（5）卫星移动通信终端市场将迎来快速增长期

当前我国以租用他国卫星实现的卫星移动通信服务终端供应商基本为国外厂商，我国自主卫星移动通信系统的建设将给我国卫星移动通信终端制造企业带来巨大成长空间。

天通 1 号拥有 109 个国土点波束，2000 个线路，200 万用户容量。根据中国电信统计，截至 2018 年中国卫星通信市场 30 多万用户，其中语音市场约 8 万户，其余为数据用户。

随着 2020 年前三颗卫星成功发射，不论是替代还是新增，中国将有200 万以上用户的市场空间。天通卫星可用于个人通信、海洋、应急、野外、村通、民航等领域。按照民用终端 0.8 万元/部，单兵手持终端2 万/部，军用车船舰载及民航终端 20 万/部估算，我国卫星移动通信终端市场容量约 402 亿元。依据 5 年的推广、采购、装备周期计算，未来 5 年卫星移动通信终端年均市场规模将达 80 亿元量级。

水下通信方面，水声通信业务是一项高技术门槛业务，由于光电信号在水中衰减严重，在水下水声通信优于光电通信，但海洋中的波浪、鱼类、舰船等因素使海洋声场极为混乱，声波在海水中传递会产生"多途径干扰信号"这一难题，导致接收到的信号模糊不清。水声信息传输技术的高壁垒性质，导致该行业发展较为缓慢，我国具备自主生产能力的企业并不多。水声信息传输装备行业将与我国海洋资源的开发利用紧密相连，该行业具有广阔的发展前景。未来需进一步研究解决的方向：一是发展高速度、大容量、远距离、低延时、高可靠的水下通信技术；二是研究一种全新的调制解调技术，抵抗水环境干扰；三是优化发送端和接收端设备，节约设备成本，减少设备体积，优化通信协议。

2　感知探测

海洋在调节全球大气环流和气候变化中起着很重要的作用，海洋观测数据的准确实时获取对于海洋科学研究、环境预报和防灾减灾等具有重要意义。海洋观测手段主要包括利用调查船和潜浮标等开展的海基观测，利用卫星遥感和航空观测等开展的天基观测，以及利用水下传感器、海底光纤等组成的海底观测网。在海洋观测领域，现代海洋观测技术正朝着综合化、立体化、实时化、网络化、智能化的方向发展，利用物联网、大数据、人工智能等技术建立海洋环境立体观测体系是海洋领域的一个热点研究方向。

美国、欧盟、澳大利亚都将海洋信息的智能感知、获取、传输、应用列为重点发展方向。美国国防部高级研究计划局（DARPA）主导了美国"海洋物联网"项目，通过在海洋中部署成千上万个小型的、低成本的智能漂浮体建立分布式传感器网络，每个智能漂浮体内搭载相关传感器，可收集位置信息和海洋温度、盐度、海流等环境信息，甚至舰船、飞机和海洋生物的活动信息。这些信息通过卫星发送至云端存储和实时分析，可以获得广阔海域的持续态势感知能力。此外，澳大利亚海洋科学研究所（AIMS）、北约海事研究和实验中心等机构也利用物联网技术开展了相关研究。

我国在海洋信息化方面起步较晚，前几十年在海洋科技领域的投入较少，与发达国家存在较大差距，尤其是核心传感器方面，如重、磁、电、震、声等仪器设备，几乎全部依赖进口；同时我国的海洋观测建设虽然已经进入起步阶段，但已有和在建的项目仍处于分散、孤立的状态，技术及产品支撑不足。在海底观测网领域，国外海底观测网技术已基本成熟，部分海底观测系统实现了业务化运行，加拿大（NEPTUNE）、美国（OOI）、日本（DONET）、欧洲（EMSO）等海底观测网和观测站的建设和持续运行，为海底观测网技术的进一步发展奠定了基础；国内的海底观测网，同业务化观测运行还有较大差距。

美国OOI观测网是目前技术最成熟的海底观测网，于2000年开始立项，海缆总长超过900千米，2016年6月6日，美国国家科学基金会（NSF）宣布，历经10年、耗资3.86亿美元的大型海洋观测计划OOI正式启动运行。OOI观测网包括全球网、近海网、区域网3个主要部分。其中，区域网由于靠近国土海岸线，对领海安全和权益保护、领海气候监测等非常重要，是重点建设项目，资金投入占比超过一半。目前，该项目已启动运行，通过连接互联网，即可实现对特定海域全天候长期观测。

欧洲ESONET/EMSO项目由英、法、德等多国参与，于2008年开始筹划，是全球规模最大的海底观测网，海缆总长达5 000千米以上。项目一次性投入2.4亿欧元，每年运行维护费用3 600万欧元。ESONET/EMSO由不同海域的区域网组成，各区域网有不同研究主题和支持国家，能够对海底和海水层的地球物理学、化学、生物化学、海洋学、生物学等进行长期观测。

我国正在开展的"透明海洋"工程和海底观测网系统都离不开物联网技术。2013年，青岛海洋科学与技术试点国家实验室提出了"透明海洋"工程并于2014年全面实施。"透明海洋"是指利用现代海洋观测探测技术、通信技术和预测预报技术，在天空、海面、海中、海底布放智能观测探测系统，构建面向全球海洋环境和目标感知的海洋物联网体系，实时获取综合海洋环境信息，可以解决全球气候变化、海洋态势感知等重大科学问题。在国家"863"计划等支持下，我国已分别在东海和南海建设了海底观测网试验系统。随着物联网等技术的发展，未来有望利用统一、通用的数据和接口标准将海底观测网与卫星遥感、水中无人航行器、各个观测站点、各类潜浮标等进行协同工作，形成覆盖近海、大洋和两极的层次化、综合化与智能化的"天-地-海"一体化立体观测网络。

在时空感知方面，2018年12月27日随着北斗全球卫星导航基本系统建成并宣布初始运行，北斗作为国民经济和国防信息化建设重点领域，相关产品的升级换代将带来产业的加速发展。

2021年5月18日，中国卫星导航定位协会发布《2021中国卫星导航与位置服务产业发展白皮书》。白皮书显示，2020年我国卫星导航与位置服务产业总体产值达到4 033亿元，较2019年增长约16.9%。

2020年北斗三号全球系统开通服务，以及国家"新基建"发展战略的实施，进一步刺激和拉动了各行业对北斗卫星导航技术应用的需求和投入。白皮书显示，目前北斗系统已全面服务于交通运输、救灾减灾、城市治理等行业领域，融入电力、金融、通信等国家核心基础设施。不仅如此，北斗还广泛进入自动驾驶、电子商务、大众消费、共享经济等民生领域，深刻改变着人们的生产生活方式。2020年国内具有卫星导航定位功能的智能手机出货量达到2.96亿台，国内外主流芯片厂商已推出兼容北斗的通导一体化芯片。

区域间卫星导航应用与产业发展水平差距逐渐拉大、渐分层次；以重点城市为中心的区域产业聚集正在形成；北斗应用产业化成为引领未来区域产业发展的关键因素；依据地方的优势特点，地域性的产业分工正在形成。

3 应用系统

海洋应用系统是海洋管理能力的基础。我国是一个海洋大国，海域辽阔、活动主体高度分散、信息掌握难、沟通难的特点决定了不能沿用传统陆地的管控模式。未来将依托强大的海洋应用系统，构建智慧海洋系统解决方案，以完善的海洋信息采集与传输体系为基础，以构建自主安全可控的海洋云环境为支撑，运用工业大数据和互联网大数据技术，注重标准规范的统一，实现海洋数据处理与共享广泛应用。

美国国家海洋和大气管理局（NOAA）每天从卫星、雷达、船舶、天气模型和其他来源生成数十万亿字节的数据。虽然这些数据可供公众使用，但要下载和处理如此大的数据量可能会很困难。

因此，NOAA的海量数据代表了一个巨大的未开发的商业机遇。NOAA大数据项目（BDP）将通过公私合作，向公众提供NOAA在商业云平台上的公开数据，并向公众提供云计算和综合信息服务。

大数据计划结合了 3 个强大资源：NOAA 负责收集广泛高质量的环境数据和专业数据；合作伙伴提供基础设施和可扩展计算能力；国内众多的创新型公司利用前面二者，提供应用服务。这样一来合作机制就比较清晰了。

BDP 当前与 3 家基础设施供应商合作（亚马逊、谷歌、微软），以扩大对 NOAA 数据资源的访问。这些合作的目的不仅是为纳税人免费提供完整和开放的数据访问，而且还通过整合使 NOAA 的数据更便于访问，而且还通过汇集必要的工具来促进创新。

通过与 Amazon Web Services（AWS），Google Cloud 和 Microsoft 宣布的新合作，NOAA 的大量环境数据收集将比以往任何时候都更容易访问。根据这些新协议，商业云平台服务商将通过以指数方式扩展，快速、可靠、无成本地公开获取 NOAA 数据，从而为科学和经济发展创造无限的机会。

欧盟海洋大数据 BigDataOcean 项目的主要目的是提出和验证海上大数据方案，以造福于欧盟的公司、组织和科学家。这是通过一个多细分平台实现的，该平台在相互关联的、受信任的多语言系统中，同时结合了不同速度、多样性和数量的数据，从而为项目参与者和当地社区提供了具有高价值和准确性的大数据存储库。

BigDataOcean 项目致力于利用现代创新技术，利用它们彻底改变与海洋相关行业的工作模式。海事部门已经创新型地成功引入来自不同部门和语言的相关大数据流，以及多种不同格式（如结构化、非结构化、实时、批量）数据交付的技术交叉融合。这些创新将创造一个全新的价值链，这将带来巨大的经济、社会和环境影响。

基础设施方面，正在通过 4 项试点进行测试和改进，为 BigDataOcean 项目提供以 TB 为单位的海量数据。这将产生迄今为止最庞大的海洋数据库，提供以合作和数据为驱动的信息情报共享。此外，BigDataOcean 将允许参与试验的人员上传私有和公共的数据资源，并通过公共和私有查询及图表将它们相互关联。BigDataOcean 系统主体将兼容已建立的数据处理技术、传感器类型和通用操作系统。

在技术层面上，BigDataOcean 将提供迄今为止最大的包含海洋数据的数据库。此外，它将用语义增强型信息融合方法并将其链接到外部数据源，以增加其价值并使其易于多重利用。跨行业和多语言集成的难题将成为过去，而所需的预处理量将大大减少。

在应用方面，BigDataOcean 将通过使不同的利益相关方在协作但灵活的（即，在私有资源和公共资源之间）海洋大数据存储库中做出贡献，BigDataOcean 将为他们提供工具（即应用程序和 API），以帮助他们方便地获得开展业务所需的信息流，以做出基于数据驱动的决策；并启用新的业务模型，以确保组织运营的可持续性和透明度。

在科学研究方面，BigDataOcean 将使科学家可以大胆假设、测试、分析，并促进数据模型的建立和提取。这些过程将通过存储库中数据以及其他来源数据而进一步简化。此外，为科学家提供存储库使他们可以专注于构建更好的模型和算法，这对研究数据相关性的学者来说很具有吸引力。

当前，国内海洋大数据中心建设已经开始布局。青岛蓝色地球大数据项目总投资额 27 亿元，分两期建设。其中，一期主要建设海洋大数据国家级中心、地球大数据产业化服务与应用中心、"一带一路"海洋大数据产业化研究与决策中心、院士工作站和博士后工作站；二期主要建设七大海洋专题项目产业中心、海洋大数据产业孵化中心、地球大数据信息技术学院、智慧海洋经济总部等。

科研平台方面，中国海洋大学建设的海洋大数据国家地方联合工程研究中心，以及浙江省海洋大数据挖掘与应用重点实验室，均走在了全国前列。

（四）广东省发展海洋电子信息产业优劣势分析

广东省海洋电子信息产业在中间环节即通信网络方面较强，而在产业两端即应用系统和感知探测方面有待加强。

1 优势分析

广东省海洋电子信息产业发展具备的优势包括：一是拥有电子产品制造加工优势，产业配套能力强，电子信息与通信产业链完善，通信产业尤其发达；二是体制机制创新优势，广东是改革开放桥头堡，珠三角地区活跃的市场经济氛围使当地民营企业拥有灵活的资本运作和强大的市场拓展能力；三是濒临南海，海洋经济活跃，根据《广东海洋经济发展报告（2021）》，2020年广东海洋生产总值超 1.7 万亿元，连续 26 年位居全国首位，海洋电子信息市场需求广阔；四是初步形成海洋电子信息搭载平台方面的特色优势与发展潜力，在无人机、无人船等领域培育出大疆、珠海云洲等创新型企业。

2 短板分析

广东省海洋电子信息产业短板包括：一是相较京津冀鲁辽所在的泛渤海、黄海区域，国家级工程的系统性、总体性工作参与较少，相较于西部地区，军民融合属性相对较低；二是缺少产业顶层规划和技术路线的引导；三是底层核心关键技术仍有待突破，器件、芯片自主可控程度有待提升；四是相较泛渤海、黄海区域的京津冀鲁辽，泛东海区域的江、浙、沪，泛南海区域中广东与广西、福建、海南的区域联动带动效应不足。

四、广东省海洋电子信息产业发展建议

广东省发展海洋电子信息产业，宜目光长远，目标远大，对标国际先进，取长补短。思路为：发挥优势（通信网络、创新氛围、民营资本）；补齐短板（传感探测、应用系统）；新兴培育（无人机、无人船综合应用）。对应实施"创新引领、龙头培育、专精特新、联动发展"四大计划，持续推动海洋电子信息产业的高质量发展。

（一） 创新引领

发挥体制机制创新优势，占领关键核心技术高地。对标 DARPA 设立海洋创新研究机构，充分发挥南方海洋科学与工程广东省实验室作用，开展顶层产业规划、技术路线制定等工作，开展前沿性技术、共性关键技术研究专项攻关。

（二） 龙头培育

发挥电子产品制造加工优势，在优势的通信网络方面培育数个国家级海洋电子信息单项冠军。积极开展国地联合，对接国家级资源，承接国家级项目、工程的总体设计、实施，注重国家和行业标准的制定参与，培育广东省海洋电子信息产业国家级龙头企业。

（三）专精特新

发挥濒临南海，民营资本活跃的优势，瞄准传感探测细分领域，围绕传感器、芯片、软件开展核心技术攻关，在无人机、无人船综合应用领域开展应用示范，政府专项与产业资本联动，引导资本投资、培育一批海洋专精特新企业。

（四）联动发展

海洋六大产业协同、泛南海区域的粤、桂、闽、琼协同，共享海试平台，面向南海海洋经济需求，引导企业"下海"，开展对标国际产品的国产产品替代应用示范工程。

广东省海洋公共服务产业发展蓝皮书

一、海洋公共服务产业概况

（一）海洋公共服务产业定义

世贸组织的服务业分类标准界定了现代服务业的九大分类，即：商业服务，电讯服务，建筑及有关工程服务，教育服务，环境服务，金融服务，健康与社会服务，与旅游有关的服务，娱乐、文化与体育服务。

目前来说，现代服务业往往被划分为生产性服务业、消费性服务业、公共性服务业和基础性服务业四大类。具体来说，服务业包括软件和信息技术服务业，信息传输、仓储和邮政业，租赁业，科学研究和技术服务业，金融业，水利、环境和公共设施管理业，居民服务、修理和其他服务业，教育业，卫生和环保业，文化、体育和娱乐业，公共管理、交通运输、社会保障和社会组织服务业，农、林、牧、渔业中的农、林、牧、渔服务业，采矿业中的开采辅助活动服务业，制造业中的金属制品、机械和设备修理业，国际组织服务业等。

在西方经济学中，常常把物品也称为产品或服务，绝大多数学者通常对公共服务的内涵界定都是基于公共产品或公共物品的基本特征来确定的，在西方学术界公共物品与公共服务更被视为等同互换的定义，说明两者间具有相互联系、密不可分的关系。尽管公共物品与公共服务可以互换通用，需要注意的是，两者在经济学中并不完全重叠相等，具体来说，公共物品和公共服务在生产、运输、传播均有差距，且在两者供给中的税收与支出机制也有着不同。公共物品理论（Public Goods）源于西方，这一概念由英国经济学家大卫休谟在《人性论》中首次提出。美国经济学家萨缪尔森对公共物品的定义进行明确的界定，他指出"对于纯粹公共物品，它是单一消费者都可消费的物品，并且这个过程不会导致其他人对该物品消费的减少。"

公共服务有广义与狭义之分。广义的公共服务是由政府公共部门作为主要提供方，满足社会公共需求、供全体公民共同消费与平等享用的公共产品和服务，包括加强城乡公共设施建设，发展教育、科技、文化、卫生、体育等公共事业，为社会公众参与社会经济、政治、文化活动等提供保障。公共服务以合作为基础，强调政府的服务性，强调公民的权利。要在经济发展的基础上，不断扩大公共服务，逐步形成惠及全民、公平公正、水平适度、可持续发展的公共服务体系，切实提高为经济社会发展服务、为人民服务的能力和水平，更好地推动科学发展、促进社会和谐，更好地实现发展为了人民、发展依靠人民、发展成果由人民共享。狭义的公共服务包括能使公民的某种具体的直接需求得到满足的服务。国家所从事的经济调节、市场监管、社会管理等一些职能活动，以及影响宏观经济和社会整体的操作性行为，都不属于狭义公共服务。本报告指的公共服务主要是狭义上的公共服务。

目前，我国对海洋公共服务及海洋公共服务业的界定没有统一标准。海洋公共服务的内容十分广泛，逐步形成了包括海洋监测与预报、海洋资源调查、海洋信息服务等在内的综合服务体系。根据公共产品、公共管理和新公共服务等相关理论及文献分析，立足于以政府为主体的公共服务产品基本特性，一般认为海洋公共服务业是提供海洋公共服务产品的服务行业。

本报告基于海洋公共服务的内涵特征，结合广东省发展实际，考虑到海洋金融等海洋现代服务，对广东省海洋公共服务业的概念界定为：海洋公共服务业是为满足海洋开发、生产、流通和生活需要，以政府行政机关及各类涉海企事业单位等为主体，围绕海洋而产生的各种公共事务，生产或提供各种公共服务产品的服务产业。

（二）海洋公共服务产业分类

根据海洋经济发展及供给与需求现状，基于广东省海洋公共服务业的概念，参考现代服务业的分类方法，可大体将广东省海洋公共服务业分成三大类：即基础性服务类、生产性服务类和消费性服务类，具体分类如图1所示。基础性服务类海洋公共服务以政府为供给主体，投入公共资源，为公民及其组织提供从事海洋经济生产、生活、发展和娱乐等活动所需要的基础性服务，如海洋环境观测与监测、海洋预报、海洋信息、海洋防灾减灾和海洋政策和决策指导等公共服务。生产性服务类海洋公共服务以政府为资源筹资者，调动私营部门、非营利部门为供给主体，以人力资本和知识资本为主要投入，提供专业化、知识化等信息和中介服务，如海洋金融、海洋咨询、仲裁、海事法律等公共服务。消费性服务类海洋公共服务以居民消费者为需求主体，其主要目的是扩大短缺公共服务的有效供给，满足消费者多元化的消费需求，顺应居民消费结构升级优化的趋势，主要表现形式为"科、教、文、卫"，即海洋教育、海洋文化建设等公共服务。

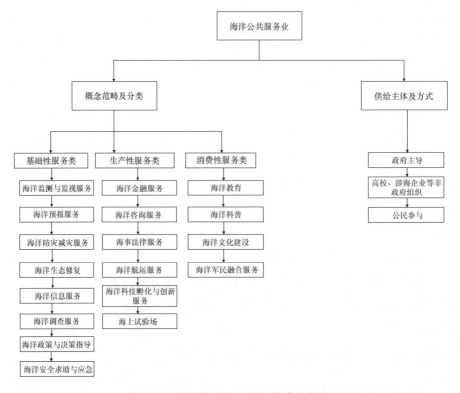

图 1　海洋公共服务业概念范畴及内涵

（三）国内外海洋公共服务产业概况

1 国外海洋公共服务产业发展形势

（1）美国

美国的海洋公共服务起步较早，管理水平居世界前列。19 世纪 60 年代，美国科学家肯尼斯·舍曼和路易斯·亚历山大率先提出了"大海洋生态系统"的概念。美国在 21 世纪初发表的 2 份海洋政策研究报告使区域海洋管理真正进入人们的视野，即美国海洋政策委员会发表的《21 世纪海洋蓝图》和民间组织皮尤委员会发表的《规划美国海洋事业的航程》，这 2 份报告详细说明了区域海洋管理办法在防止海洋资源退化、恢复和保护海洋环境方面的优点和可行性，并为推广区域海洋管理办法奠定了基础。这种管理模式强调自然与社会的和谐关系，注重生态平衡的保护，最大限度地考虑人工海洋管理对环境承载能力的影响。政府、企业、媒体、非营利组织等社会各界也积极参与其中。美国政府在制定海洋开发战略等重大决策时，会邀请海洋开发领域的权威专家，与政府官员、学者和经济代表进行交流，集思广益，共同推动海洋开发。与此同时，公众会通过电视、报纸和互联网更加关注海洋问题，加强对国家海洋政策的了解和落实。如今，美国已经发展成为世界海上强国。

（2）日本

日本、美国、英国等发达国家被认为是世界海洋强国。"海洋立国"和"科技创新立国"是日本的基本国策。二战后初期，日本因战败国的地位，海上政策仅限于"海上贸易"，因此未能将海洋的利用和开发归于国家战略。以 1961 年设"海洋科学技术审议会"为标志，日本便开始重视海洋经济价值开发，致力于通过国际贸易构建现代海洋产业体系。1971 年"海洋科学技术审议会"更名为"海洋开发审议会"。1973 年海洋开发审议会成为国家咨询机构，提出了《我国海洋开发推进的基本构想及基本方案》。这是宣告日本海洋开始有序有计划发展的信号，但日本方面强调说，这不是"战略"，而是"政策"。20 世纪 70 年代以来，随着其他国家侵占和开发海底资源，联合国多次召开专门海洋法会议，制定了国际海洋法，规范了各国的海洋活动。因此，日本的海洋政策从近海海域扩大到太平洋海域，并利用海洋法保护自己的权利，实现了综合开发利用的目标。20世纪80年代，随着日本经济的崛起，日本以经济大国相称的政治大国地位参与国际事务。在这种背景下，海洋安全的重要性逐步纳入日本国家发展战略的视野。进入21世纪以来，日本政府为了全面调整海洋政策，将其提升到了国家战略层面。2005年11月，日本海洋政策研究财团给日本政府提交的《海洋与日本：21世纪海洋政策建议》，明确提出了新海洋国家战略，强调"海洋的可持续开发，利用海洋国际秩序与和谐为导向，如海洋综合管理，尤其关注了制定海洋基本法的重要性"，并将上述几点作为其《海洋基本法》的基本理念。

（3）挪威

挪威没有加入欧盟，但欧盟的海洋政策受到挪威的影响。早在2003年，挪威就形成了成熟的海洋治理体制，但当时大多数国家还没有形成海洋治理的基础框架。挪威政府为了提高本国海洋产业的竞争力，不仅向海洋企业提供信用、保险、税金、研究开发等援助。同时，挪威政府还注重与商会、企业之间的沟通协调，根据企业的需要提供服务。一是利用减免税支持涉海企业发展；二是灵活运用政策性金融机构支援海洋产业；三是多渠道提供研发资金；四是发展特色金融、创新金融产品和服务方式。

挪威的经济领域虽不完善，但很有特色。例如海洋油气、航运、海工装备、海洋渔业等优势产业居世界前列。这主要得益于丰富的资源，先进的管理模式以及高新技术投入带来的经济效益。挪威在海洋资源的保护和利用方面都有丰富的经验。虽然不是欧盟成员国，但通过与欧盟、联合国等国际组织间的合作，定期举办国际海事展，加强同世界各国的海洋经济合作，挪威企业在全球海洋市场上具有良好的信用和竞争力。

2 国内海洋公共服务产业发展形势

（1）上海市

上海作为全国最大的沿海经济中心城市，其发展离不开海洋，海洋深深融入上海的城市精神和城市品格，成为上海市软实力的重要体现。从发展初期看，上海市作为世界海洋中心城市的功能建设取得了一定成就，基本形成了世界海洋中心城市的框架。

上海市海洋局发布《上海市海洋"十四五"规划》要求严守海洋生态保护红线，常态化开展海上风电用海生态影响后评估，统筹推动海洋绿色低碳发展（包括发展海洋碳汇，支持海洋可再生能源开发利用等），积极推进海洋生态保护修复（包括探索建立海洋生态保护修复项目储备和资金投入机制、编制出台海洋生态保护修复行动方案等）；协同推进深远海资源勘探开发、深潜器、海水利用、海洋风能和海洋能等高端装备研发制造和应用；推动北斗技术、生物技术、信息技术、新材料、新能源等创新技术和成果应用于海洋资源保护开发；实施滨海海洋生态保护修复；打造高水平长兴低碳岛。

综上，上海市海洋公共服务未来将从科技创新、人才培育等多方面协调稳步发展。

（2）山东省

背对中国黄河中下游地区，面向朝鲜半岛，位于黄海和渤海之间的山东半岛地理优势十分明显。山东半岛矿产资源种类以及近海海洋生物种类繁多，各种资源储量居中国前列，海洋资源优势明显。丰富的海洋资源和地理条件，为山东省海洋经济创新发展提供了有力支撑。

山东省海洋发展统筹推进海洋立体观测网、海洋通信网络、海底数据中心、海底光纤电缆等基础设施建设，构建重点区域海洋综合立体观测物联网，完善海洋信息采集与传输体系，统一标准规范，分级分类准入，加快建成覆盖全省近海海域的山东海洋立体观测网。加快建设国家海洋综合试验场，推动海洋电子信息产业集群化发展，加快推进海洋信息技术装备国产化，集中力量突破一批关键核心技术，加强海洋信息感知技术装备、新型智能海洋传感器、智能浮标潜标、无人航行器、智能观测机器人、无人观测艇、载人潜水器、深水滑翔机等高技术装备研发。高水平、一体化建设海洋环境综合试验场，构建智能化海洋数字孪生系统。建设海洋智能超算平台，加快构建超算与大数据产业互联网体系，共同打造国家级分布式超算中心。支持沿海 7 市建设互联互通的智慧海洋协同创新公共服务平台。

在经济效益方面，山东省将基本构建起现代海洋产业新体系，大幅提高海洋科技创新能力，建设具有较强国际竞争力的海洋强省，经济效益十分显著。到2025年，海洋产业结构进一步优化，传统优势产业提质增效、海洋战略性新兴产业发展壮大，海洋服务业快速发展，海洋产业链走向全球价值链的中高端，形成具备较强国际竞争力的现代海洋产业体系。

在生态效益方面，山东省以海洋生态系统为基础的综合治理体系更加完善，海洋经济可持续发展能力明显增强，生态效益巨大。到2025年，海洋生态文明建设水平不断提高，自然岸线保有率不低于35%，海域、海岛和海岸线集约利用水平不断提高，陆源污染物入海总量得到有效控制，海洋功能区环境质量达标率显著提高，近岸海域优良水质面积比例稳步提高。

在社会效益方面，山东将进一步拓宽就业渠道，沿海地区居民收入将稳定增长，人民幸福感和获得感持续增强。同时，海洋防灾减灾能力不断提高，沿海居民生命财产安全得到有力保障。全民海洋意识明显提高，关心海洋、认识海洋、经略海洋的理念更加深入人心。

（3）浙江省

浙江省沿海和岛屿地区是长江三角洲城市群核心地区，毗邻海峡西岸经济区，具有独特的地理优势。浙江省海洋资源丰富，海域面积26万平方千米，海域相当于浙江省沿海岛屿及陆地面积的2倍，全省海岸线6 696千米居全国首位。浙江省具有丰富的渔业、港、井、油、岛、水等海洋资源，组合优势明显，规模化、基地开发。

浙江省海洋公共服务呈现出多样化和自上而下的服务模式。在行政管理方面，有浙江省人民政府及舟山、宁波、台州、温州等沿海地级市和台山、嵊泗、定海、东头、渭环及圆环等海岛县或沿海县等行政管理服务单位。提供业务指导服务的单位有浙江海洋与渔业局、浙江沿海各地市级海洋与渔业局、各县区级海洋与渔业局。在专业化服务方面，既有浙江海洋大学、宁波大学等高等院校，也有自然资源部第二海洋研究所、浙江省海洋水产研究所等研究性机构，又有浙江省海洋学会、浙江省渔业互保协会等民间组织。在市场化服务方面出现了许多民营海洋类公司，如浙江黄岩海洋水产有限公司、浙江兴业集团有限公司、扬帆集团股份有限公司等。

浙江省拥有广阔的海岸线，海域管理是浙江省开发和管理的重点。为有效治理海域，浙江省出台了一系列有关海域管理的政策文件和规范制度。例如《浙江省海洋环境保护条例》《浙江省海洋特别保护区管理暂行办法》《浙江省海域使用金征收管理办法》《关于审批项目用海有关问题的通知》《浙江省湿地保护条例》《浙江省海域使用管理条例》《关于科学开发利用滩涂资源的通知》等。宁波、舟山、温州等市发改委、财政、海洋渔业等部门也制定了相关实施细则和建立了相关管理系统，使全省海域管理工作正常开展。同时，海洋行政执法水平也显著提高，《浙江海洋与渔业行政执法人员行为规范》《浙江海洋与渔业行政执法监督暂行规定》等规定先后出台，首次在全国海洋综合行政执法体制改革创新。

（4）江苏省

江苏省位于我国沿海、沿长江和沿陇海兰新线三大生产力布局主轴线交会处，"一带一路"、长江经济带和沿海开发在此叠加。江苏省海岸线长954千米，管辖海域面积3.75万平方千米，滩涂面积达68.73万公顷，约占全国滩涂面积1/4，海洋资源综合指数居全国第四位，是全国海洋资源富集区域之一。

完善港口集疏运体系。加强港口与铁路、公路、内河水运等枢纽的有机连接，完善江海、河海、海公、海铁等多式联运体系。突出多式联运服务和智慧化发展，重点解决港口集疏运节点功能不强和"断头路"问题，降低公路集疏运分担比例，推进港口集疏运一体化发展。疏港公路重点推进徐新公路、南通洋口锡通高速、南京龙潭港等公路建设，实现高速（快速）公路直通年吞吐量超过百万标箱的集装箱重点港区，一级以上公路直通沿江沿海港口重点港区建设。疏港铁路重点推进连云港港徐圩港区、南京港龙潭港、苏州港太仓港区等主要港口、重要港区铁路支线、专用线规划建设。疏港内河水运重点推进滨海港疏港航道等沿海港口四级以上内河航道建设，提升大丰港区内河疏港航道等级。支持大运河、通榆运河、盐河等干线航道内河港口和集装箱码头建设，重点打造淮安等内河枢纽港。2020年，基本实现综合交通网络与沿海沿江港口充分衔接，铁路运输全面通达沿海主要港口，高速公路直达沿海集装箱规模化港区，四级以上航道直达沿海核心港区。

围绕海洋产业发展需求，重点加强港口物流、海洋信息、防灾减灾等重大基础设施建设，加快构建适度超前、功能配套、安全高效的涉海基础设施支撑体系和公共服务体系。

江苏省海洋公共服务业应坚持以下 3 个原则：重点海洋资源开发的原则、海洋产业优势互补原则、海洋产业结构优化的原则。建立以海洋产业为核心的区域海洋经济发展系统。将海洋资源的可持续开发与保护作为江苏省海洋经济发展的重要内容。实行分区开发与共同开发相结合的江苏省海洋经济发展策略。突出沿海重点产业和重点区域开发从保护海洋资源出发改造传统海洋产业。

同时应设立专项投资基金，强化财税政策支持，多渠道扩大直接融资，激励引导民间资本，积极争取国际资本，创新涉海金融产品和服务，建立财政资金为引导，银行、民资、外资共同投资的多元投资体制，为海洋经济发展输送健康"血液"。完善规划布局体系和法规政策体系，健全陆海污染防治体系、海洋生态保护体系、海洋监测体系、海洋经济运行监测评估体系、海洋执法体系，理顺涉海管理体制，强化综合治理职能，推动由"管海""治海"向"经略海洋"转变。

二、广东省海洋公共服务产业发展概况

近几年来，海洋公共服务业服务于广东省海洋经济发展，构筑海洋产业新支柱，已成为广东省走在全国前列的重要特色。2021 年 12 月，《广东省海洋经济发展"十四五"规划》正式印发，明确提出要不断提升海洋公共服务水平，推进海洋强国地方实践和海洋经济强省建设。2017 年，为推动海洋供给侧结构性改革和广东省建设海洋经济强省的重要抓手，原广东省海洋与渔业厅提出重点发展海洋生物、海工装备、海上风电、天然气水合物及海洋公共服务业。2018 年调整为海洋电子信息、海洋生物、海工装备、海上风电、天然气水合物及海洋公共服务业等六大海洋产业，并由广东省财政设立专项资金，以支持这六大海洋产业创新发展。2020 年，省级促进经济高质量发展（海洋战略性新兴产业、海洋公共服务）专项资金 4 800 万元重点支持了海洋公共服务业 25 个项目，涉及海洋空间资源承载能力、海洋生态和海域海岸

带修复、海洋灾害预防和治理、海洋立体观测网等领域。

（一）广东省海洋公共服务产业发展现状

广东省海洋经济快速增长，海洋产业结构进一步优化，海洋公共服务业等海洋六大产业领域新技术、新成果不断涌现。基础性服务类、生产性服务类和消费性服务类海洋公共服务均取得了一定进展。

1 广东省基础性海洋公共服务类产业发展现状

（1）海洋调查监测系统不断完善

近年来，广东省在海洋观测、监测方面取得较大进展。已搭建空中无人机、海洋卫星遥感、海面船舶调查、海洋水标，初步设立自主海上浮标观测网，推进建设岸基、海基、空基、天基"四位一体"的综合性立体观测网。全省累计建成 100 个海洋监测站、2 个平台站、38 个浮标观测站点和 1 个海洋卫星数据应用中心。高标准建设省级海洋预警报综合服务平台，完成省级海洋预警报能力升级改造，建立全国首个省级海啸监测预警全链条系统、广东省近海海洋气象环境遥感监测应用平台（二期项目），建成42 个长期验潮站、58 个简易验潮站，在 90 个岸段设置警戒潮位标识物。

（2）海洋防灾减灾能力显著提升

围绕为沿海地区经济社会发展提供海洋环境保障服务目标，广东省积极构建海洋观测预报与防灾减灾体系。全面开展海平面变化影响调查评估工作，在全省进行海平面变化影响调查与评估、承灾体调查、风暴潮灾情调查与评估等工作，在深圳、惠州、湛江等地开展风暴潮灾害风险区划，海洋灾害风险排查等综合减灾试点工作。2020 年发布《广东省自然资源厅海洋灾害应急预案》，切实履行海洋灾害防御职责，提高广东省对风暴潮、海浪、海啸等海洋灾害的预警报能力，规范海洋灾害应急程序、响应步骤、组织保障，最大限度地减轻海洋灾害造成的人员伤亡和财产损失。2021 年 6 月，珠海市组织申报的海洋生态保护修复项目顺利通过国家 2021 年海洋生态保护修复项目竞争性评审会议评审，获得 2.5 亿元中央财政专项资金支持。

（3）海洋大数据信息服务不断推进

海洋大数据已成为信息服务发展趋势。搭建了空中无人机和海洋卫星遥感、海面船舶调查、海洋潜标、海底原位监测大数据云平台。基于海洋大数据的应急指挥信息管理系统，已在广东省各大型港口应用。海洋卫星遥感广东数据应用中心积极开展广东省海洋卫星遥感数据平台建设。广东省海上风电大数据中心投入运营，为全省海上风电项目的运行提供数据支撑。中兴通讯股份有限公司建立的海洋大数据系统，能够为政府部门及时获取每日海况及监测数据分析。广东风华高新科技股份有限公司开发海洋信息系统服务，利用高时效、高分辨卫星对灾害天气进行监测。广东邦鑫数据科技股份有限公司开发的港口运维大数据综合服务平台、海洋牧场自动化监测、智慧渔港等，综合采用大数据、云计算、物联网、人工智能等技术，提高了海洋管理效率和科学决策水平。

2 广东省生产性海洋公共服务类产业发展现状

（1）海洋金融支持有序推进

海洋金融支持是海洋产业发展的重要动力。从 2018 年起连续 3 年，广东省财政每年安排 3 亿元专项引导资金，重点支持海洋六大产业创新发展。深圳市积极响应中央号召，探索设立国际海洋开发银行。深圳市财政每年安排最多 5 亿元资金，对海洋领域的技术研究、成果转化等各个阶段的项目进行扶持。另外，深圳市正在推动成立 500 亿元规模的海洋产业发展基金，用金融手段促进海洋产业跨越式发展。广东省积极推进海洋领域资本市场的债券、股票、保险对海洋经济发展的支持，投放资金贷款有力支持了疏港公路、铁路、渔港、海洋工程装备制造、海洋综合旅游等涉海项目建设。涉海信贷服务效率不断提高，银行业金融机构通过调整优化信贷流程，实施信贷审批绿色通道，提高涉海授信审批效率。

（2）海洋战略研究平台逐步建立

广东省海洋事业发展战略研究机构呈集聚增长态势。拥有广东省社会科学院、深圳综合开发研究院、广东省海洋规划发展研究中心等智库机构；中山大学、暨南大学、广东海洋大学等涉海高校。依托于中国科学院南海海洋研究所、中山大学等科研单位，打造南方海洋科学与工程广东省实验室、广东省海洋遥感重点实验室、热带大气海洋系统科学粤港澳联合实验室、广东沿海经济带发展研究院等重大研究平台，为广东省发展海洋公共服务提供一定的基础设施与平台空间。

（3）海洋海事法律服务能力提升

近年来，广州海事法院持续推进海事审判精品战略，审判质效向好，在"基本解决执行难"方面取得明显成效。广州海事法院依托信息化平台，整体推进海事审判战略。截止到 2021 年 12 月 28 日，新收各类案件 4 034 件，同比增加 41.64%，结案 3 723 件，结收比为 92.30%，收案标的额近 80 亿元。在创新工作方式上，全面推行网络拍卖，船舶网拍覆盖率达到 100%。受最高人民法院委托，负责"中国海事审判网"前期建设和后期维护，至 2021 年年底新建的"中国海事审判网"已基本具备上线条件。2021 年 9 月，上线试运行自主研发的船舶网拍大数据智能评估系统，该系统根据船舶价值评估方法，构建出数据模型，能一键获取完整的船舶价格评估报告，为竞买人提供较为准确的船舶价格参考。

3 广东省消费性海洋公共服务类产业发展现状

（1）海洋科研人才培养步伐加快

海洋科研人才是推进海洋发展的中坚力量。广东省启动南方海洋科学与工程广东省实验室建设，形成产学研紧密结合的海洋创新体系。广州市打造南沙科学城、中新广州知识城、广州科学城、琶洲人工智能与数字经济试验区"三城一区"各具特色的创新核，海洋科技服务人员超 5 万人；中央支持深圳市建设海洋大学，深圳市在南方科技大学、清华大学深圳研究生院等高校布局建设海洋学院；惠州引进国际领先"清水湾生物材料研发团队"等。

（2）海洋旅游发展迅速

广东省海域面积 42 万平方千米、海岸线 3 368 千米、可开发海岛 759 个，滨海旅游资源旺盛。广东省滨海旅游公路加快建设，建成后将实现全省 14 个沿海城市 90 个景点的全线连通。广州南沙、深圳蛇口直达航线开通，海岛夜航及跨岛航班固定运营；茂名加快打造"国家级滨海旅游度假目的地"。10 个沿海县（区）获评全域旅游示范区，珠海万山岛渔村风貌之旅等 5 条海岛主题线路获评为广东省乡村旅游精品线路。2020 年全省沿海城市接待过夜游客 1.8 亿人次，其中入境过夜游客 442 万人次。2020 年，全省海洋旅游业增加值 2 647 亿元，同比下降 25.8%。游艇、帆船等高端海洋旅游项目在广州、深圳、中山等地开始落地"开花"，中山与澳门开通点对点游艇自由行，广州的南沙游艇会举办每年一度的大型游艇展和水上活动项目，在国际打造中国游艇产业的"新名片"。湛江市海洋体育项目启动仪式举行，"体育+海洋"跨界融合发展，服务海洋经济强市建设。

（3）海洋文化建设积极开展

广东省深入挖掘海洋文化内涵，积极弘扬沿海特色文化。一是提升公共文化服务一体化水平，积极推动广佛肇、深莞惠、珠中江等公共文化服务圈示范区。二是深入挖掘和系统整理南海海洋文化资源，开展广东文化和旅游融合发展专题调研，摸清广东文化和旅游资源融合底数，掌握文旅融合发展现状。三是围绕打造"海上丝绸之路""中国南粤古驿道文化之旅"品牌，推动申报联合国世界文化遗产，把"南海I号"打造成为"海上敦煌"。广东省组织开展2019年省级文化产业示范园区创建申报和评审工作，安排990万元专项资金对25个已获创建资格的园区及集聚类省级文化产业示范园区、文旅融合发展示范区等给予一定经费支持。

（二）广东省海洋公共服务产业发展优势

1 广东省海洋公共服务产业整体优势

（1）产业发展政策和规划体系逐步完善

党的十九大以来，为有效推进海洋经济社会高质量发展，广东省委省政府及各级政府相继推出有关政策文件（表1），极大地推进广东省海洋经济社会建设发展的进程，促进海洋公共服务产业的新兴发展和优化布局。改革开放以来，广东省以最初聚焦于海洋渔业、盐业、油气业和海洋矿业等生产性传统海洋产业的扶持政策，到高度重视新兴海洋产业、海洋科研教育管理服务业和其他海洋相关的产业等发展的优惠政策和综合规划文件不断颁布实施，形成促进广东省海洋经济社会高质量发展的整套政策规划体系，涵盖了海洋生产、科技研发、海洋教育和服务等各方面，促进海洋公共服务产业发展的政策体系也将逐步走向完善。

表1 2017—2021 年广东省海洋经济社会发展政策规划文件

年份	颁布实施的政策规划文件
2017	《广东省海洋经济发展"十三五"规划》
	《广东省沿海经济带综合发展规划（2017—2030 年）》
	《广东省海岸带综合保护与利用总体规划》
	《广东省现代渔港建设规划（2016—2025 年）》
	《广东省海上风电发展规划（2017—2030 年）》
	《广东省海洋观测网建设规划（2016—2020 年）》
	《广东省海洋生态保护规划（2017—2020 年）》
	《广东省政府办公厅关于推动我省海域和无居民海岛使用"放管服"改革工作的意见》
	《广东海洋经济综合试验区系统性融资规划》
	《广东省水产品质量安全条例》
	《广东省海洋主体功能区规划》
	《广东省海洋生态红线》
2018	《广东省养殖水域滩涂规划（2018—2030 年）》
	《广东省海岛旅游发展总体规划（2017—2030 年）》
	《广东省严格保护岸段名录》
	《广东省数字经济发展规划（2018—2025 年）》
	《港澳流动渔民雇用内地渔工管理办法（2018 修订）》
	《关于勇当海洋强国尖兵加快建设全球海洋中心城市的决定》
2019	《关于推进广东省海岸带保护与利用综合示范区建设的指导意见》
	《广东省海洋防灾减灾规划（2018-2025 年）》
	《广东省加强滨海湿地保护严格管控围填海实施方案》
	《广东省深圳市建设海洋经济发展示范区总体方案》
	《粤港澳大湾区发展规划纲要》
	《广东省推进运输结构调整实施方案》
	《广东省渔港和渔业船舶管理条例（2019 修正）》
	《广东省推进粤港澳大湾区建设三年行动计划（2018—2020 年）》
	《广东省自然资源厅关于无居民海岛使用权市场化出让办法（试行）》
	《广东省国土空间规划（2020—2035）编制工作方案》
	《广东省加快发展海洋六大产业行动方案（2019—2021 年）》
	《关于构建"一核一带一区"区域发展新格局促进全省区域协调发展的意见》

年份	颁布实施的政策规划文件
2020	《广东省自然资源统一确权登记总体工作方案》
	《海洋生态保护修复资金管理办法》
	《广东省2020年重点建设项目计划》
	《广东省自然资源厅省管用海项目审查审批工作规范》
	《广东省自然资源厅百个重大建设项目"百日攻坚"专项行动工作方案》
	《广东省自然资源厅海洋灾害应急预案》
2021	《广东省地理空间数据管理办法（试行）》
	《海岸线占补实施办法（试行）》
	《广东省财政厅广东省自然资源厅关于降低养殖用海海域使用金征收标准的通知》
	《广东省基础测绘"十四五"规划》
	《广东省自然资源保护与开发"十四五"规划》
	《广东省海洋经济发展"十四五"规划》

注：该表主要围绕与海洋公共服务产业相关的政策文件进行的统计

（2）高端科技人才聚集

广东省海洋高端科技人才培养规模不断扩大，全省众多涉海高等院校、科研院所拥有各类涉海专业的博士学位授权点和硕士学位授权点较多，高端技术人才引进和培养机制不断健全，优越的科研环境和高薪福利吸引更多全国知名高校人才，以及海外和海归核心人才向广东省聚集，为广东省海洋科技创新凝聚智库力量。

广东省较早实施了科技兴海战略，不断引进和培养一批高端科技研发人才和团队，形成了一批具有自主知识产权的海洋科技成果，是我国海洋科技创新的重要基地，海洋科技创新转化能力较强。截至2020年，全省省级以上涉海平台超过150个，其中国家级重点实验室1个、省实验室3个、粤港澳联合实验室2个、省重点实验室11个（含省企业重点实验室2个）、国家野外科学观测站1个、新型研发机构4个、产业技术创新联盟2个、省级工程技术研究中心73个、省海洋科技协同创新中心1个。依托广东海洋创新联盟，有50多家联盟成员单位，共享了150多项涉及软件平台、科考船、实验室等科研资源库，建立广东海洋创新联盟专家智库，启动海上联合科学考察。

（3）战略性新兴科技产业规模较大，国际化程度较高

广东省海洋战略性新兴科技产业中的现代海洋服务业包括海洋信息服务产业、海洋新型基础设施建设服务业、海洋大数据服务业、仓储物流服务业、海洋科技孵化与创新服务业、海洋知识产权交易服务业等。在"十三五"期间，广东省继续围绕实施创新驱动发展战略，将发展海洋战略性新兴科技产业作为推进海洋产业结构调整、加快海洋经济发展方式转变、抢占海洋经济科技发展制高点的重要举措。基于海洋大数据的应急指挥信息管理系统已在大型港口应用，广东省将加快布局海岸带生态物联网系统，建设"全球海洋立体观测网"，培育世界级海洋公共服务业中心。以设定发展专项扶持资金来推动全省海洋战略性新兴产业发展取得良好成效。目前，广东省海洋公共服务战略性新兴科技产业主要布局在广东珠三角地区，产业经营主体包括各涉海高等院校、科研院所和涉海企业等，发展规模壮大，国际化程度较高，其中海洋 5G 商用网络不断落实部署，海洋"互联网+"服务系统进一步完善，海洋科技孵化器获得显著成就。

（4）创新联盟优势大，资源配置合理化

2017 年 9 月 25 日，由广东省海洋与渔业厅联合国家海洋局南海分局、中国地质调查局广州海洋地质调查局、中国科学院南海海洋研究所、中山大学、广东海洋大学、中集海洋工程有限公司、广船国际有限公司共同发起组建的"广东海洋创新联盟"在广州成立。广东海洋创新联盟是我国海洋领域省级层面的第一个科技创新联盟，创新联盟的成立是贯彻落实习近平总书记对广东工作的重要批示精神和广东省第十二次党代会精神，加强政产学研合作，推进海洋经济发展的重要举措，是省内涉海单位充分发挥资源优势，深度合作、共建共享、共享共赢，在广东海洋经济发展主战场建功立业的重要平台。广东海洋创新联盟是一个由海洋行政主管部门、涉海高校、海洋科研院所、涉海企业共同搭建"以广东为主战场、以海洋事业为纽带、以重大科研项目为抓手，以产业发展为导向"的开放型海洋科技创新合作组织。海洋创新联盟的主要特点就是共建共享，建立资源、技术、信息、设备等共享利用机制，实现资源共享的最大化，推动科技研发力量的高效集成和能力提升。广东海洋创新联盟将打造"科技公共

管理信息服务平台""科研联合攻关平台""科技成果产业转化平台"和"人才交流合作平台"四大平台,有效整合各方资源,优势互补,信息互通,资源互用,以最低风险实现资源调配利用最大化,实现大数据共享、重点实验室共享、大型科研仪器设备共享、科考船共享。通过定期举办海洋联盟年会、专题报告会,发布年度海洋科技研发项目计划、年度海洋科技报告、海洋产业发展报告、海岸带经济发展报告等,形成较高的综合实力和影响力,对优化产业生态、提高创新能力具有无可替代的作用。广东海洋创新联盟成立后,充分发挥广东省面向南海、毗邻港澳、要素集聚度高、金融创新活跃的优势,通过深层次合作,从整体上提升广东省海洋科技创新与重大专项攻关能力,加快科技成果转化和产业化,助推海洋经济供给侧结构性改革与转型升级发展,为推动海洋经济强省建设、打造沿海经济带和拓展蓝色经济空间作出贡献。广东海洋创新联盟目前包括59家成员单位,覆盖了政府主管单位、科研单位、高校、生产和服务企业,涵盖了海洋产业链环节的方方面面,其中的企事业单位也是在各自环节企业的代表(表2)。

表 2　广东海洋创新联盟成员单位

序号	成员类型	成员名称
1	政府部门	自然资源部南海局
2	政府部门	中国地质调查局广州海洋地质调查局
3	科研单位	中国科学院南海海洋研究所
4	科研单位	广东省科学院
5	科研单位	中国水产科学研究院南海水产研究所
6	科研单位	中国水产科学研究院珠江水产研究所
7	科研单位	广州船舶及海洋工程设计研究院
8	科研单位	阳江海上风电实验室
9	科研单位	中国科学院深圳先进技术研究院
10	科研单位	南方海洋科学与工程广东省实验室(湛江)
11	科研单位	南方海洋科学与工程广东省实验室(广州)

序号	成员类型	成员名称
12	科研单位	南方海洋科学与工程广东省实验室（珠海）
13	高校	中山大学
14	高校	广东海洋大学
15	高校	华南师范大学
16	高校	暨南大学
17	高校	华南农业大学
18	高校	仲恺农业工程学院
19	高校	清华大学深圳研究生院
20	高校	北京大学深圳研究院
21	企业	广东邦鑫数据科技股份有限公司
22	企业	中广核研究院有限公司
23	企业	"中国国际海运集装箱（集团）股份有限公司"
24	企业	广州市金洋水产养殖有限公司
25	企业	珠海云洲智能科技有限公司
26	企业	深圳海王医药科技研究院有限公司
27	企业	广东粤电阳江海上风电有限公司
28	企业	深圳联成远洋渔业有限公司
29	企业	"广州中海达卫星导航技术股份有限公司"
30	企业	深圳市海斯比船艇科技股份有限公司
31	企业	中天启明石油技术有限公司
32	企业	深圳市惠尔凯博海洋工程有限公司
33	企业	中国长江三峡集团公司广东分公司
34	企业	深圳市水产公司
35	企业	广东永顺生物制药股份有限公司
36	企业	深圳华大海洋科技有限公司

序号	成员类型	成员名称
37	企业	广东何氏水产有限公司
38	企业	广州海启星海洋科技有限公司
39	企业	招商局重工（深圳）有限公司
40	企业	广东恒兴集团有限公司
41	企业	广州港集团有限公司
42	企业	广州建通测绘地理信息技术股份有限公司
43	企业	广船国际有限公司
44	企业	研祥智能科技股份有限公司
45	企业	明阳智慧能源集团股份公司
46	企业	深圳市盐田港集团有限公司
47	企业	广州海格通信集团股份有限公司
48	企业	广东海大集团股份有限公司
49	企业	广州迪澳生物科技有限公司
50	企业	三一海洋重工有限公司
51	企业	中船黄埔文冲船舶有限公司
52	企业	深圳市智慧海洋科技有限公司
53	企业	江龙船艇科技股份有限公司
54	企业	广东粤数大数据有限公司
55	企业	强海海洋（深圳）科技控股有限公司
56	企业	湛江海宝渔具发展有限公司
57	企业	广东联塑科技实业有限公司
58	企业	广东精铟海洋工程股份有限公司
59	企业	彩虹鱼科技（广东）有限公司

2 广东省基础性海洋公共服务类产业发展优势

（1）良好的海洋公共管理能力

海洋公共管理能力是评价政府实现海洋公共服务的行政管理的重要依据，政府的服务效率和服务能力是海洋公共服务效率的主要体现。目前，广东省已形成海洋开发和管理的综合决策机制，制定了引导性的统一的海洋开发政策、海洋技术政策和海洋保护政策；逐步完善海洋开发和管理的协调工作，编制省市级海洋功能区划、海洋开发和保护规划，并建立规划协调机构和开展协调活动；制定了有关海洋综合管理的规章制度，不断建立和健全海洋执法体系，进一步加强对海洋的综合管理能力。

（2）海洋环境保障服务比较完善

广东省海洋生态环境保护能力全国领先，率先在全国启动"美丽海湾、美丽海岸、美丽海岛和美丽滨海湿地"四美海洋生态文明建设，确保海洋环境总体稳定。

其一，广东省在全国率先建立了地方海洋环境监测体系，组织开展了大规模生态修复和海洋自然保护区建设，海洋自然保护区数量、面积和种类均居全国首位，海域生态环境总体良好，海洋经济发展和滨海城镇建设具有良好的生态基础条件。

其二，广东省率先启动美丽海湾建设，建设汕头青澳湾、惠州考洲洋和茂名水东湾3个省级美丽海湾试点。湛江、珠海、汕头、惠州和东莞等地海岸线整治修复取得实效，实现还海于民、还景于民。

其三，截至2020年年底，全省累计建成海洋保护区50个，其中自然保护区43个、海洋特别保护区7个（6个国家级海洋公园），保护对象涵盖中华白海豚、海龟等珍稀濒危物种，珊瑚礁、红树林、海草床和海岸、海岛等典型海洋生态系统。广东省财政安排5.5亿元专项资金用于支持海岸带生态修复、美丽海湾和海岸带综合示范区建设。截至2020年年底，修复海岛15个，全省近岸海域水质优良比例达到89.5%。

其四，广东省全面开展入海排污口排查登记，加强近岸海域污染防治工作，建成省、市、县三级海洋环境监测网络，建设了珠江口、大亚湾在线监测系统等。

3　广东省生产性海洋公共服务类产业发展优势

（1）良好的海洋经济社会发展服务能力

广东省是国家参与经济全球化的核心区域、改革开放的先行地，在我国海洋强国建设特别是海洋经济发展和生态安全格局中具有举足轻重的战略地位。目前广东省海洋公共服务产业支持海洋经济社会发展的能力亦不断增强。广东省坐拥广州、深圳、珠海、东莞、湛江等 5 个亿吨大港。"十三五"时期，全省沿海港口集装箱吞吐量从 5 094 万标准箱增长到 6 044万标准箱，其中广州港从全球集装箱港口吞吐量第 7 名跃升至第 5 名，深圳港一直维持全球集装箱港口吞吐量前 4 名。巴斯夫、埃克森美孚、中海壳牌等超百亿美元重大临港产业项目先后落地，惠州、湛江、茂名、揭阳等石化基地加快建设，世界级沿海石化产业带逐步形成。截至2020 年年底，全省已批复风电用海项目 22 个、用海面积 85.2 平方千米，已核准海上风电总装机规模约 1 735 万千瓦，千亿级海上风电产业集群初见雏形。

（2）海洋金融发展势态良好

海洋金融服务是海洋公共服务的重要内容。在新时代推动海洋经济持续健康发展，需要加大金融支持力度，引导海洋传统产业转型升级，促进海洋新兴产业快速发展，加快海洋经济提质增效步伐。广东省健全完善海洋经济运行监测与评估体系，形成具有海洋特色的指标、指数和报告，增强公共服务能力，为政府宏观调控提供有力信息支撑。对标新加坡海洋金融的发展模式，推动广州、深圳建设蓝色金融"双中心"。增强对蓝色金融的监管力度，提高国内和国际市场对广州和深圳金融体系的信心，与我国香港国际金融中心深度融合，辐射带动粤港澳大湾区乃至粤东西海洋经济产业的发展，为海洋产业的发展提供有力保障。同时，根据各大城市产业结构特点，推动粤港澳大湾区 3 个核心集聚城市与周边城市形成差异化的金融发展路径，大力支持广州南沙区、深圳前海蛇口自贸区发展航运金融，加快推动各地区金融科技、基础设施建设、蓝色金融以及便民民生金融的融合发展。此外，鼓励发展海域使用权、无居民海岛使用权等为抵押担保的海洋特色贷款产品。密切与我国香港、澳门的金融合作，建立海洋产业投融资公共服务机制，推动沿海企业上市、挂牌、发行债券。设立海洋风险投资、私募股权投资资金。支持设立涉海金融租赁公司，积极发展装备制造、新能源等融资租赁市场。加快培育海洋保险与再保险及船舶金融等特色金融业，探索推进海上风电设备、海工装备保险业务。

（三）广东省海洋公共服务产业发展问题

1 海洋公共服务领域市场化不够，产业化程度低

现阶段，广东省海洋公共服务产品的生产与供给大多由政府统筹规划，既是生产者，也是提供者。以政府主导为主，集中人力、物力、财力进行规划部署和建设，然后采取事业单位管理的经营模式。但由于政府的"有限性"以及政府活动成本与收益的分离，可能使政府在海洋公共服务领域陷入低效状态。在提供海洋公共产品过程中，政府投入资源较多，但产出却与高成本不相符。在不断发展壮大的海洋经济产业和社会事业中，政府会愈加表现得力不从心。此外，尽管广东省海洋公共服务供给主体也逐步走向多元化，但绝大部分供给主体仍需政府公共财政支持，才能完成海洋公共服务相关计划。

完全由政府主导的供给模式存在诸多问题，限制了具有支持型产业属性的海洋公共服务产业的海洋公共服务产品和服务的市场空间，客观上也影响了海洋公共服务的产业化发展。因为由政府设立的行政性事业单位来负责供给，带来了垄断的经营形式从而排斥市场竞争，导致产业的市场规模和经济份额相对较小，造成不公平以及成果转化率和产业化率低下的局面。同时也无法给具有相应资质、能力的企业形成更多的市场机会，难以做大做强，形成规模化、产业化发展。

随着海洋经济发展，对海洋的公共服务更高的要求，而政府自身的局限性使其难以通过"有形的手"使海洋资源的配置达到最优，导致海洋公共服务产品出现供给不足，影响了公众利益。由于海洋公共服务具有资金需求大、风险高的特点，也加重了政府财政。如海洋测报、海洋基础科学研究、海洋科技创新平台、海洋信息服务和科技兴海工程项目等产品，如

果公共财政供给不足，将影响公共需要和公众利益，会形成政府服务不能满足需要的现象。此外，非常重要的是随着物联网、大数据、人工智能、区块链、5G、卫星导航等新技术的快速发展，以上问题的存在影响了这些新技术的商业化的快速应用以及新兴产业的培育，导致海洋高新技术对于海洋经济发展的贡献率偏低。

因此，建立和完善海洋公共服务市场化体系，加快政府职能转变，优化资源配置，拓展公共服务外包，充分发挥企业（尤其是民营企业）在提供公共服务方面的作用，尤其是具有支持型产业属性海洋公共服务产业，促进海洋公共服务产业做大做强。这也是改善公共服务供给状况，缓解政府财政压力，培养新的经济增长点的必然走向。

2 科技创新动力不足，区域布局不协调

发展海洋经济必须依靠创新驱动。近年来，广东省海洋科技自主创新取得较好成效，成为海洋经济发展的主动力。目前海洋科技创新面临继续领先、持续发展的压力，海洋科技创新动力有待增强。广东省缺少适应国家战略需求的海洋创新平台，缺少市场化的海洋创新服务体系，海洋科技产业多元化和风险投资机制还不完善。海洋科技协同创新、产学研用一体化创新机制还不成熟，产业发展模式滞后等问题。对科技成果转化缺乏较为明晰具体的政策引导。缺少海洋创新领域的国际化合作，在与海外顶尖科学家和团队合作方面有待加强。

面对国家海洋发展战略和海洋经济强省部署，迫切需要通过海洋创新驱动，聚焦海洋经济发展的重大需求。2019 年，在全国《2019 年度海洋科学技术奖获奖项目公示名单》的 49 个最新奖项中（包括海洋科学技术研究类 18 项、海洋科技成果转化类 15 项和海洋科技图书 16 项等），有100 多个主要完成单位，而广东省仅有中山大学、华南师范大学和佛山某一涉海企业参与完成有关工作，其余获奖高校、科研院所和企事业单位大多集中在辽宁、江苏和浙江省。另外，在广东省第一次全国海洋经济调查中显示，全省海洋经济活动有 80% 集中于珠三角地区，全省海洋公共服务企业有 83.33% 集中于广州和深圳两市，以上涉海科技企业占比多数。因此，虽然广东省海洋科技产业的规模总量位居全国前列，但核心科技创新

研发能力严重不足，科技产业结构布局不平衡导致珠三角地区和粤东、粤西出现两极分化，区域发展极其不协调。

通过对西方海洋强国推动海洋产业发展比较分析，也能发现我国涉海类企业与学研机构在创新价值链上合作互动出现了"脱节"问题，尚未形成"创新链前端的基础研究促进后端的产业技术开发和生产经营，创新链后端进一步反哺前端"的良好态势。

3 公共财政资金投入不足，投入机制不健全

海洋经济作为广东省建设海洋强省的重要内容，服务于海洋经济的海洋公共服务也在不断部署和逐步完善，以满足现阶段广东省海洋经济社会发展的需求。为致力于实现海洋基本公共服务均等化，政府必须高度重视区域的协调发展。因此，要将粤东、粤西两翼的欠发达地区打造成广东省海洋经济新增长极，必须不断扩大海洋公共服务的供给，但地方政府公共财政较为紧张，公共财政资金的节制性与供不应求问题一直存在。另外，海洋公共服务产业主要从事海洋公共产品的生产与供给，作为公益性基础设施的公共产品，其投资占比总投资的绝大部分，如渔港、航道、道路、桥梁、人工鱼礁和滨海景观设施等基础设施建设约占90%以上，由于政府投资的这些直接经济回报极低，导致社会资本不愿介入海洋基础设施的整体性开发，多元投资机制亦难以形成，公共财政的不断投入导致这类基本公共服务成为了特殊产品，政府必须高度重视并加以完成。

4 未形成与市场相适应的海洋公共服务体系

广东省未来的海洋战略，重要内容之一就是为广东省海洋经济社会发展设计出一套与市场相适应的海洋公共服务系统。目前，广东省海洋渔业、滨海旅游业、海洋交通运输业、海洋船舶制造业、海洋油气产业和海洋生物医药业等集中程度较高，但海洋调查与测绘业、海洋信息服务业、海洋大数据服务业、海洋金融服务业、海洋技术服务业、海洋气象预报服务业和海洋教育与科学研究等集中程度仍较低，主要原因是广东省仍未完全形成与市场相适应的海洋公共服务产业体系。绝大部分正处于研发或逐步成熟阶段，这类产品在现阶段的市场需求容量仍未形成规模，与市场需

求不相适应。巨大的资金投入导致在近段时间的经济效益较低，使得海洋公共服务供给成本较高，难以实现规模化盈利经营，进而导致社会资本、海洋金融等难以介入，无法更好地进入市场运营，市场规模难以扩大。因此，需要政府公共财政继续援助，以维持成长阶段的有效运营。

此外，我国已基本建成海洋调查、监测、预报等公益服务系统，如海洋地形数据、水文气象、地质矿产等。但海洋数据信息系统的建设由于体制等方面的原因，不仅有部门间的分散性，还有部门内的分散性，加上保密等原因，致使海洋资料信息统一管理未能实现，所以资料、数据、信息的采集、存储、加工再现，以及用户服务等系统性问题无法实现。与国外不同的是，海洋的大部分数据信息的共享目前仍存在许多障碍，这不但影响了不同层次海洋公共服务需求的满足，也导致对这些宝贵的数据资料价值挖掘和很多的商业化应用无法落地，失去了产业发展的机会。

5 海洋管理统筹协调力度及软环境建设有待加强

海洋统筹协调机制亟待建立。建设海洋强国必须统筹兼顾，全面推进。海洋公共服务作为建设海洋强国的重要内容，也涉及海洋的方方面面。目前广东省的海洋管理主要是依托自然资源厅来实现的，但由于海洋的行业属性和部门特征，在管理体制上实行的实际上是一种综合管理加行业管理的模式，即自然资源厅实施海洋综合管理的同时，再按用海类别和行业管理需要，由传统的陆域管理部门，如生态环境厅、农村农业厅、交通运输厅、文化和旅游厅等向海洋延伸而共同形成对海洋管理的一种模式。面对庞杂的海洋事务，任何单个管理部门都难以独立完成海洋强省的重任。考虑到海洋经济发展的重要性，需要组建更高层次的海洋综合管理模式。

政府对海洋公共服务的投入相对于广东省海洋经济社会发展需求而言，仍存在众多供不应求的问题。由于海洋公共服务的公共性和公益性，在很大程度上侧重于为海洋经济社会发展提供非营利性的服务和产品，导致这类特殊的公共产品让政府肩负更多的供给职责，政府难免出现力不从心。在海洋公共服务管理投入方面，海洋公共服务水平的提升是海洋经济社会高质量发展的重要保障，与沿海居民海洋生产、海洋生活和海洋经济的需求相比，目前所提供的海洋公共服务产品总量不足，海洋公共服务的投入仍然偏低，尤其是在海洋基础设施、国民海洋教育、海洋科技水平等海洋基本公共产品供给更是较少。

海洋综合管控基础较为薄弱，海洋主管部门与其他涉海单位及统计部门尚未建立共享的信息平台，海洋基础数据库准备不足。海域海岛使用监管、海洋环境监测监视、海洋防灾减灾等技术支撑单位少、人才缺乏，基层能力建设比较滞后，基层海洋执法队伍和海洋执法装备难以满足执法需要。

（四）新冠肺炎疫情对广东省海洋公共服务产业发展的影响

2020年5月，联合国发布《2020年可持续发展目标进展报告》，对17个可持续发展目标的进展进行评估。在新冠肺炎疫情的影响下，SDG目标14（保护和可持续利用海洋与海洋资源促进可持续发展）的实现面临较大挑战。从世界范围看，新冠肺炎疫情造成的全球渔业经济发展放缓和海产品消费量下降给海洋生物多样性恢复带来了一定程度的积极影响，但是整体上，海洋环境恶化的大趋势没有得到根本改变。从我国情况看，中国可持续发展目标进展评估得分73分，在世界164个国家中排名第48位。

新冠肺炎疫情给海洋环境带来了两个方面的影响。一方面，在应对新冠肺炎疫情过程中使用了大量防护类塑料产品，导致进入海洋中的塑料垃圾迅速增加，加剧了海洋环境污染，进而对海洋生物的生存产生影响。另一方面，新冠肺炎疫情使人类涉海活动和海产品消费减少，客观上有利于海洋生态环境系统的恢复。全球90%的交通运输依靠海洋，而目前海上运输大量缩减，大规模的停运停航为海洋生态恢复提供了很好的契机。我们在反思人类对海洋资源过度开发、对海洋环境过度消耗的同时，更应当思考如何推动建立健康的海洋生态系统，实现海洋可持续发展的目标。

新冠肺炎疫情对工程设计板块带来了两个方面的影响。一方面，新冠肺炎疫情影响下复工复产推迟，海洋基础设备建设工程进度受到严重影响。新冠肺炎疫情暴发恰逢春节期间，通常整个工程行业在春节期间都会面临设计员和施工人员人力短期缺口的情况。待春节假期结束，工程进度在一定程度上可以进行回追。但是受新冠肺炎疫情影响，整个工程项目中人力存在持续性缺口，特别是部分专业人员岗位复工率不到50%，对工程进度有较大影响。另一方面，新冠肺炎疫情影响导致整个设计流程审批受阻，设计错误率增加。近年工程设计工作逐步软件化，部分设计图纸绘制、计算、校核以及评估需要依托于专业的设计软件，手工绘图的工作量比例逐渐降低。由于新冠肺炎疫情原因导致部分工作无法在专业软件上开展，只能采取退而求其次的方法追赶落后的进度，存在增加设计失误率的风险。同时，受复工人力不足，在图纸整个审核、重大方案审查、关键计算数据核查等方面可能会增加一定的错误率，导致后续施工发生事故的风险。

随着我国已进入高质量发展阶段，经济发展进入新常态，人民生活水平日益提高，同时也凸显出了当下科技创新供给不足、高端人才缺乏等与高质量发展要求不相适应的矛盾，这也标志着我国需要与之相适应的创新工作来开启新的征程。这将更加注重发展的质量和效益，就要求各类行业应当更加专业、专精、与时俱进、对标国际高标准。海洋公共服务产业需要稳步发展，为国民提供更加优质的服务、精准的数据信息以及创造更高的商业价值。新时期以来，各类风险隐患、紧急突发事件频频发生，特别是在此次新冠肺炎疫情中，更是凸显了科技的重要性。

三、广东省海洋公共服务产业发展规划与前景预测

（一）广东省海洋公共服务产业市场前景

1 实现海洋强国战略要求提升海洋公共服务水平

提升海洋公共服务能力，加强海洋强国建设。党的十八大报告中明确提出"建设海洋强国"的重大决策，"走向海洋"被提升到国家大战略高度。党的十九大提出"坚持陆海统筹，加快建设海洋强国"的战略部署，为全面经略海洋吹响了冲锋号，加快建设海洋强国成为新时期中国特色社会主义事业的一项重大战略任务。"十四五"是海洋强国建设的重要时期，基于对"十四五"我国海洋事业发展的预测及展望，结合国际国内面临的

发展机遇与挑战，加强海洋资源环境监测、预报等服务工作，强化海洋资源环境保护和生态建设，加快滨海旅游业、海洋交通运输业、涉海金融服务业等海洋服务业发展，完善海洋法规制度及标准体系建设，建立一体化、多层次的公共服务供给体系，不断提升海洋公共服务能力与水平，是"十四五"时期海洋主要领域的重点任务。

2 发展海洋经济社会离不开海洋公共服务的供给

海洋公共服务是做大做精海洋经济的重要一环，"坚持陆海统筹，加快建设海洋强国"在党的十九大报告中被明确提出。在制定广东海洋公共服务战略定位及政策建议的阶段，应当从国际定位角度、区域定位角度、城市公共服务角度和产业定位角度来分析广东海洋公共服务的战略定位。

海洋公共服务是壮大海洋经济的基石。在经济步入新常态的背景下，做大、做强、做精海洋经济意义非凡。就海洋第一产业而言，海洋渔业所提供的鲜美产品已经变成了居民膳食的重要组成部分；从海洋第二产业来看，船舶制造、海洋油气、海洋电气都是许多地区的支柱产业；从海洋第三产业来看，滨海旅游业是许多沿海地区创造就业机会和创收的重要行业，并且是海洋经济占比最大的部分。随着海洋经济从"陆地管理+海洋管理"的模式向着陆海统筹的方向前进，海洋公共服务是壮大海洋经济的基础。广东省是全国海洋经济强省，"十四五"期间构建"一核一带一区"区域发展格局，加快推动区域协调发展，是中国海洋经济发展的核心地区，同时又承载了服务"一带一路"建设的作用。因此，精准定位广东省海洋公共服务战略，为国家战略进一步深入发展及珠三角、南海区域海洋经济联动打下坚实基础。

构建海洋公共服务供给体系是海洋经济发展的关键。在海洋利用价值多样化、海洋开发利用主体多元化的今天，公众对海洋公共服务的需求日益增加，与此同时，海洋经济社会的发展也离不开海洋公共服务的供给。然而，目前我国海洋公共服务存在供给方式单一，供给数量严重不足，供给水平偏低等问题。如何有效缓解供求矛盾已成为实现海洋强国战略目标必须解决的问题。构建海洋公共服务供给体系无疑是关键所在。海洋公共服务供给体系主要是指国家、社会为沿海居民生产生活和海洋发展提供保障和创造条件的系统与整体。我国海洋公共服务供给体系经过几十年的发展与改革，已形成了一套多渠道、多层次的多元供给模式。近几年，国家高度重视海洋发展，加快了海洋行政管理体制改革，海洋公共服务建设在各省市全面展开，海洋公共服务领域的公共财政投入也有所增加，这些都为构建海洋公共服务供给体系提供了现实条件。

提升海洋公共服务的能力和水平是海洋经济更好更快发展的重要保障。提高海洋防灾减灾特别是海上救助、监测预报等公共服务能力建设，是保障人民群众生命财产安全的基本要求。海洋具有流动性、公共性和服务性等多重属性，提供优质高效的海洋公共服务是海洋经济更好更快发展的需要，也是政府主要职能的体现。维护中国海域和平稳定，保障海洋经济安全，提供优质高效的海洋公共服务则是政府的首要责任。具体来看，创新优化海洋公共服务主要从以下5个方面入手：第一，建设"数字海洋"和"智慧海洋"，强化政府海洋公共服务职能，提高政府海洋公共服务效能；第二，加强海上救助能力和力量建设；第三，提高海洋环境观测预报能力；第四，创新海洋公共服务供给方式，尝试开展"流动性公共服务"；第五，以"有管理的市场化"来创新优化海洋公共服务的供给方式，可在坚持海洋公共服务"公共性"的基础上，积极探索政府购买海洋公共服务。此外，政府可以创造条件，积极培育海洋社会组织，扩大政府向海洋社会组织购买公共服务的范围，健全政府购买海洋公共产品的程序和机制。

（二）广东省海洋公共服务产业发展方向

1 稳步投入基础性服务类海洋公共服务建设

（1）建立系统完善的海洋调查监测系统

我国的海洋环境监测事业发展起始于20世纪70年代，90年代进入快速发展期。随着我国不断加大海洋环境监测的力度，经过几十年的努力，在相关政策的支持下我国海洋环境监测技术研究与应用已经取得了巨大进步，涌现了一大批科技成果和产品，实现了海洋环境监测的跨越式发展，一定程度地缓解了我国海洋监测方面的需求，我国正逐步建立起由海洋监

166

测平台、多参数浮标、调查船、卫星遥感等组成的海洋环境立体监测网络。

广东省是中国海岸线最长的省区。广东省地处中国大陆最南部，东邻福建，北接江西、湖南，西连广西，南临南海，珠江三角洲东西两侧分别与我国香港、澳门特别行政区接壤，西南部雷州半岛隔琼州海峡与海南省相望，拥有海岸线长达4 314千米，占全国海岸线的三分之一以上，且有岛屿1 134个。近年来，广东在海洋观测、监测方面取得较大进展，初步设立自主海上浮标观测网，推进建设岸基、海基、空基、天基"四位一体"的综合性立体观测网。

但相比海洋环境监测起步较早的美国、欧洲国家等，我国的海洋自动监测、立体监测水平还较低，国内高档海洋监测仪器市场的95%被国外产品所占据，自主研发的监测仪器由于缺乏成果的标准化鉴定，在市场流通中受到了很大阻力。因此，我国的海洋环境监测技术还有很大的发展空间。科研工作者及相关企事业单位应在国家发展海洋环境保护事业政策的支持下，积极发展我国海洋环境监测事业，提高台风、风暴潮、赤潮等海洋灾害的预报预警能力，最大限度地减少灾害给海洋经济、沿海经济及人民生命财产带来的损失；提高海洋污染和生态环境监测能力，保护海洋环境，确保海洋经济的可持续发展；提高海洋勘测技术水平，发展海洋资源开发事业，支持沿海和海洋经济发展和科技兴海战略；提高海洋安全监测力度，加强海上国防建设，建立覆盖全国范围的海洋环境立体监测网络；加强实时监测能力，建立海洋环境服务平台，推进我国海洋事业的发展。

（2）不断提升海洋防灾减灾能力

海洋是人类生存和发展的基本环境和重要资源，但同时也是孕育多种海洋灾害的温床。近年来，风暴潮、海啸、海冰、海平面上升等海洋灾害的发生，对我国造成了严重的人员伤亡和经济损失。在我国着眼海洋、大力发展蓝色经济的同时，因海洋灾害造成的损失也引起人们的普遍关注。随着我国沿海区域经济发展战略的实施，大量经济产业要素和人口向沿海聚拢，沿海地区海洋灾害风险进一步加剧，海洋灾害造成的经济损失呈现明显的上升趋势。广东省不仅是人口大省，更是海洋经济强省，海洋经济总量始终保持稳增长，海洋生产总值连续26年位居全国首位，已成为我国海洋经济发展的核心区之一。向海洋要"空间",继续搭建海洋经济发展平台,促进广东海洋经济的发展,更需要不断完善海洋防灾减灾管理体制机制,扎实推进海洋观测、预报、减灾业务工作开展,推动海洋防灾减灾事业的发展。

(3) 充分发挥海洋大数据信息服务作用

海洋领域已进入大数据时代,全方位、连续、多源、立体的观测使得海洋数据目前存量已达到 EB 级别,日增量也达到 TB 级别。对海洋科学研究而言,如何在大数据时代抓住机遇,更好地利用海洋大数据,将在一定程度上辅助解决 21 世纪人类面临的重要问题。然而,前所未有的海洋大数据给海洋数据的存储管理、分析挖掘、产业应用带来了巨大挑战,并且大数据技术的兴起也给传统的科研方式带来了革命,科学研究逐渐进入第四范式,传统的数据分析方法在应用大数据时存在众多约束,数据密集型知识发现方法受到科学界的普遍关注,越来越多的海洋学研究开始从更大规模、更多维度、更多来源的数据进行深度的知识发现,指导人类社会的生产生活,海洋大数据亦带来巨大机遇。我国通过长期的海洋观测、监测、调查、评价和管理工作,已经建立起天、空、岸、海、潜五位一体的海洋立体观测网,积累了海量的海洋自然科学信息资源,这些历史资源与正在不断产生的新数据、新信息共同构成了海洋科学大数据。近年来,海洋观测设备正经历革命性变化,以卫星遥感数据为代表的海洋数据规模呈爆发式增长,海洋数据量增长速度快于其他行业数据增长。

海洋科学大数据蕴含着难以估量的巨大价值,不仅能够为气候、灾害、工程、交通、环保、安全等领域提供可靠的科学依据,还能为人类感知、预测地球系统,促进海洋经济可持续发展,维护国家海洋权益提供丰富信息。海洋科学大数据是实现海洋信息行业智能化管理和"互联网+"的基础与前提,已经成为实施国家大数据战略的重要组成部分,也是实现我国海洋强战略的支撑和保障,更是当前我国重大海洋工程"智慧海洋"建设的灵魂,没有大数据就没有"智慧海洋"。

2 积极推动生产性服务类海洋公共服务

(1) 有序推进海洋金融支持

海洋金融支持是海洋产业发展的重要动力。从 2018 年起连续 3 年,广东省财政每年安排 3 亿元专项引导资金，重点支持海洋六大产业创新发展。同时，积极推进海洋领域资本市场的债券、股票、保险对海洋经济发展的支持，投放资金贷款有力支持了疏港公路、铁路、渔港、海洋工程装备制造、海洋综合旅游等涉海项目建设。涉海信贷服务效率不断提高，银行业金融机构通过调整优化信贷流程，实施信贷审批绿色通道，提高涉海授信审批效率等。

然而，当前金融支持海洋经济发展的渠道比较单一，银行融资品种偏少，金融供给主要支持大中型企业，对中小微企业贷款门槛高且灵活度不够，管理风险的金融对冲工具也明显偏少。《广东省海洋经济发展"十四五"规划》中提出加快发展蓝色金融产业：鼓励有条件的银行业金融机构设立海洋金融事业部，开展海域、无居民海岛使用权和在建船舶、远洋船舶等抵押贷款、质押贷款，推动设立国际海洋开发银行，积极争取以深圳前海为中心创建"中国蓝色金融改革试验区"。对接深交所和上交所南方中心等资本交易平台，支持涉海企业在境内外多层次资本市场上市、发行债务融资，引导吸引各类资本加大对涉海企业股权投资。探索开发期权期货、排污权交易等海洋相关金融产品。鼓励发展海工装备和船舶融资租赁，扶持涉海融资租赁公司做大做强。加快发展航运、滨海旅游、海洋环境、海外投资等保险业务，提高海洋信息、咨询等专业服务水平，鼓励发展海洋经济类证券指数等产品。

（2）提高海洋战略研究平台的研究水平

广东省海洋公共服务业的产业装备能力较低，海洋科研和服务项目开发资金不足，科技支撑能力较弱。一是核心科技制约问题较为突出，海洋观测基础设施建设和海洋灾害预报还处于起步阶段；海洋信息化建设起步较晚，智慧海洋建设进度较慢；尚未建立开放的众创平台，跨部门、跨产业融合应用效益尚未充分发挥。二是复合型人才相对缺乏。现有海洋人才体系无法为海洋高端公共服务业的快速发展提供有力支撑。

因此，需要大力提升海洋公共服务的科技水平，实施海洋信息技术基础设施计划，建设海洋云计算硬件基础设施平台，满足海洋科学应用需求。应面向粤港澳大湾区、"一带一路"沿线国家招揽海洋高端人才，利用广东海洋业务部门、高等院校、科研院所人才优势，建立高层次海洋骨干人才培训中心。同时，应推进智慧海洋发展，建设海洋地理信息公共服务平台，整合海洋信息资源，提升信息公共服务水平，为海洋科学研究提供科学有效的试验环境，获取长期连续、要素完备的数据资料。

（3）提升海洋海事法律服务能力

广东省面向南海，发展向海经济具有得天独厚的区位和资源优势。发展好向海经济，需全省上下齐心，通力合作。海洋海事法律服务相关部门更应紧紧围绕党中央的决策部署，勇于担当，主动作为，努力提升海事司法能力，为广东省发展向海经济提供更强有力的司法服务和保障。海事司法是经略海洋、管控海洋工作的重要组成部分。在广东省打造向海经济的过程中，不论是进行港口基础建设，还是大力发展现代海洋渔业、海洋交通运输业、海洋船舶修造业、海洋工程建筑业等海洋传统产业，以及进行海洋生态文明建设等，都与海事司法密切相关，需要海事司法保驾护航。因此，相关部门需要充分认识肩负的神圣职责和重要使命，增强服务向海经济发展的责任意识和使命感，提供公正高效的海事司法服务和保障，创新海事司法体制机制，提升服务能力和水平。

3 持续推动消费性服务类海洋公共服务的多元化发展

（1）加强和加快海洋科研人才培养

党的十八大作出了建设海洋强国的重大部署。科学研究是认识海洋的基本途径，科技创新是经略海洋的基本动力。提高海洋资源开发能力，培育壮大海洋战略性新兴产业，必然要求加强海洋科技创新。只有不断提高海洋科技创新水平，才能为海洋事业发展提供源源不断的动力。重视海洋生态文明建设，加强海洋环境污染防治，保护海洋生物多样性，有序开发利用海洋资源，同样要依靠海洋科技创新。"中山大学"号海洋综合科考船下水和投入使用，将为海洋科技创新提供重要平台支撑。面向学术前沿、面向国家重大战略需求、面向国家和广东省海洋经济社会发展，人才培养是海洋强国的基本支撑。

（2）积极开展海洋文化建设

当前，海洋经济发展进入新时期，海洋文化在海洋经济发展中的作用日益重要，而且繁荣和丰富海洋文化具有政治、经济、文化、社会、生态意义。没有海洋文化的繁荣，就没有海洋经济的发展，繁荣的海洋文化是促进海洋经济发展的动力。有学者指出，海洋文化就是人们在开发海洋的劳动实践过程中以海洋为载体和母体而创造出来的，与海洋有关或有海洋特色的一切物质财富和非物质财富的总和。充分挖掘海洋文化资源价值，大力弘扬特色鲜明的南海海洋文化，培育海洋文化产业，提升海洋文化影响力，为海洋经济高质量发展提供强劲的精神动力和良好的人文环境。

（3）拓展海洋公益和人文领域的交流合作

推进海洋公益服务领域的全方位合作。一是在海洋科技、环境保护、海洋预报与救助服务、海洋防灾减灾与应对气候变化等方面务实推进与其他国家的交流与合作。二是实施"蓝色海洋伙伴计划"，建设海洋科技合作网络，建立"海洋生态伙伴关系"，共建绿色海上丝绸之路。三是在适宜区域开展海洋联合调查，建设海洋灾害预警预报合作网络，为海上丝绸之路沿线国家提供海上公共服务。拓展海洋人文领域的交流合作。坚持弘扬和传承海上丝绸之路友好合作基础，充分利用地缘优势和人文资源优势，推动沿线国家民众在海洋文化、旅游、教育等方面的沟通和交流，实现民心相通，为深化海洋合作、发展海洋伙伴关系奠定民意基础。

（三）广东省海洋公共服务产业发展布局

1 提升新兴产业比重和规模化集聚发展

海洋服务业是指生产或提供各种服务的海洋领域经济部门及各类涉海企事业的集合，包括海洋交通运输业、海洋旅游业、海洋科研教育管理服务业。海洋服务业属于中间性产业，其特点是科技含量高、知识智力密集。发展海洋服务业需要尽快在有关高校中设立与海洋产业相应的专业，培养专业人才；积极建立和完善的人才培养和引进机制；加强海洋基础科学研究，增加科技储备；逐步建立海洋生产性服务业科技创新体系，加大海洋科学技术的应用，提升海洋产业的科技含量。

（1）发展海洋服务业，要积极促进"两个转变"的实现

实现由过去强调发展海洋渔业、海洋工业，向重视全面协调发展海洋一、二、三产业，大力发展海洋物流、滨海旅游、海洋调查、海洋科研、海洋教

育、海洋环境监测、海洋环保、海洋信息等海洋服务业的转变；实现由海洋资源消耗型、环境污染大的海洋传统产业向科技含量高、资源环境友好型的海洋新兴产业的转变，努力提升海洋产业能级，建设低碳型海洋经济体系。

（2）发展海洋服务业，要实现"四业并举"

按照"提升传统服务业，拓展现代服务业，兼顾生产服务业和政府公共服务业"并举的方针推动现代海洋服务业发展；在海洋服务业中广泛运用现代技术和管理方法，提升现代海洋服务业，并改造传统海洋服务业，全面提高现代海洋服务业比重和优化升级海洋服务业的内部结构。

（3）发展海洋服务业，推进体制改革创新

现代海洋服务业的发展是多部门、多行业协作的产业，因此，应深化体制改革，打破部门和地方的条块分割，建立适应海洋服务业自身发展规律、与国际接轨的体制和机制，提高海洋资源的利用效率，提升中国海洋经济和海洋产业的现代化水平，为实现可持续地开发和利用海洋资源，保护海洋环境，维护国家海洋权益奠定基础。

2 建立公共服务供给体系支撑产业集群发展

（1）充分发挥政府财政的资源配置功能

公共服务的发展与政府公共财政能力具有密不可分的关系，政府的公共性、强制性的特征决定了政府可以运用法律的授权，吸取社会资源为社会工作提供公共产品和服务。为了促进海洋公共服务的发展，政府可充分利用财政政策对资源进行优化配置：加大基础设施建设的财政投入力度，在海洋管理的基础设施建设中，重点支持海洋调查船系统、各种试验设施、通信导航系统、海洋预报系统等；发展国家科技基金，支持海洋技术创新，支持高科技手段开发海洋、保护海洋，引导企业和科研机构中的高素质人才投身海洋事业，支持引进、研发或更新涉海的技术仪器；重视教育投资，发展海洋文化，支持有面向市场能力的机构转变成科技型企业，或变成企业性质的中介服务机构，通过相应的财政支持向社会提供公共服务但难以面向市场盈利的科研机构，提供科研项目和基地建设经费的支持，形成"开放、流动、竞争、协作"的新型国家级海洋研发机构，重点研究解决国家海洋事业发展过程中所面临的全局性、基础性、关键性、方向性的重大科技问题。

（2）建立健全政府海洋行政服务机构

新公共服务理论认为，政府在公共服务的过程中只是参与者之一，更多的是扮演调解、协调、裁决的角色，目的在于培育和引导公民的参与行为，建构起多中心的服务体系，其职能主要体现在为公民间的对话、协商创造条件，并且强调这种公共服务应该是在法律和责任的约束范围内高质量的服务。这就需要政府、企业、第三组织相互合作，平等协商，以整合资源、提高效能为中心。设立"海洋管理委员会"，统一协调涉海事务，例如地方性的安全自救互救组织；建立具有中国特色的海洋服务中心，为海洋环境保护和资源开发提供正确的信息和数据；建立海洋突发事件应急管理机构，组织官员与技术专家共同研究，采取妥当而有效的措施进行综合治理，保护生态环境。

（3）重点发展网络信息技术提供海洋服务

在服务型政府建设过程中，电子化、自动化、智能化成为不可避免的发展趋势。建立国家海洋信息系统，以国家海洋信息中心为核心，通过国家公共数据通信网络，纵向联结各海区信息中心，以及沿海省、市、自治区海洋管理部门，横向联结国家信息中心、有关海洋部门、海洋用户等的综合性海洋信息网。实施电子政务，提高政府部门服务效率，实现政府可公开信息资源共享和动态更新，实现政府部门之间及政府部门内的信息共享和网络办公，提供政府网上便民服务应用项目，推动各行业上网进程。改革原有的专业应用系统，将电子手段与政务流程进行融合。建立统一的政府专用平台，加强海洋管理部门与其他机构之间的联系，保证信息的沟通和融合。应用先进的信息工程方法和信息，提高系统的研发效率，实现系统维护的可持续性。完善政府的网络监察体系，加强海洋行政监察力度。

（四）广东省海洋公共服务产业规划内容

1 完善海洋公共服务平台

（1）建设重点海洋产业公共服务平台

结合智能船舶、水下机器人、水下通信、海洋生物、风电、波浪能、人工浮岛等一批海洋产业发展海试需求，建设海洋工程装备检测、海洋生物产业化中试技术研发和海洋材料环境试验等公共服务平台，积极争取布局建设国家海洋综合试验场（万山），加快推进省级海洋试验场建设。

（2）加强海洋信息基础平台建设

推进海洋地理信息数据资源建设，构建海洋测绘基准服务网络。建设海洋大数据中心，加强海洋数据的获取、存储、计算、分析与应用。建立广东省海洋资源市场动态监测体系，实施海洋资源价格调查、监测和评价。探索建设海洋产业投融资信息服务平台，实现涉海企业和金融机构的信息交互与对接。依托省政务数据共享交换平台，全面提升海洋业务"一网统管""一网通办"能力，打通审批、服务、监管、执法、信用全链条，实现海洋领域政府决策科学化、治理精准化、政务服务高效化。

（3）建立健全海洋经济监测评估体系

完善海洋经济统计调查、核算、发布和共享制度，构建海洋经济高质量评价体系和监测体系，不断提升省级和市级海洋经济运行监测与评估能力。定期开展海洋经济运行监测工作，做好涉海企业直报和涉海部门数据共享。积极推进市级海洋生产总值核算。持续开展海洋经济重大问题研究，提升对海洋经济运行的综合评估分析能力，做好监测数据类、统计分析类、指数报告类和专题研究类产品编制。

2 筑牢海洋防灾减灾防线

（1）持续推进海洋立体观测网建设

提高全省海洋观测站点分布密度和观测能力，推进验潮站、浮标、雷达、志愿船等综合观测设施建设，逐步完善全省海洋立体观测网。实施海洋观测站（点）分级分类管理，规范海洋观测设施建设和运行管理，逐步实现海洋观测数据信息共享，推进观测资料数据对比工作。

（2）强化预报监测服务海洋经济发展能力

建立智能网格化海洋预报系统，强化重点保障目标精细化海洋预报工作，为企业和涉海重大项目提供定制化海洋环境保障服务，服务好港口运输、海上风电开发及海上油气开发等作业活动。加强海洋灾害风险防范能

174

力，扎实推进海洋灾害风险普查，开展海洋灾害承灾体调查，继续推进沿海市、县海洋灾害风险评估和区划工作，划定海洋灾害重点防御区。强化沿海核电站、大型石化基地、储油基地等设施隐患排查整治，开展环境风险源邻近区域环境监测和定期巡查，防范溢油、危险品泄露、核辐射等重大环境风险。积极推进生态海堤建设，加强海洋生态保护修复和生态灾害预警监测。加强沿海防护林体系工程建设，重点推进沿海基干林带造林、灾损基干林带修复和老化基干林带更新等，充分发挥基干林带抵御台风和风暴潮等自然灾害的重要作用。加强公众海洋防灾减灾教育。

（3）提升应急救灾及搜救水平

优化搜救基地布局，完善救助码头、避风锚地等设施建设。健全沿海地区防洪防潮体系，提高沿海地区对海洋灾害的防御能力。积极争取和有效保障国家在广东省布局建设救助站点。完善救灾应急专业队伍，强化突击队伍、骨干队伍、辅助力量、专家智库等应急处理力量体系。提升海洋防灾减灾救灾应急装备水平。加强海洋环境分析预测和搜救辅助决策支撑，提升海上搜救能力。

3 提升海洋公共文化服务

（1）增强海洋文化意识宣传教育

加深公众对海洋的认识，树立全面现代海洋观。加快推动海洋知识"进教材、进学校、进课堂"，加强海洋文化知识科普。培育打造具有传播力和影响力的海洋资讯新媒体平台，巩固提升中国海洋经济博览会和"海洋宣传日""南海开渔节"等海洋主题活动影响力，建立多层次、多渠道的海洋知识传播方式，营造关心海洋、认识海洋、经略海洋的浓厚氛围。

（2）推进海洋文化设施建设

鼓励沿海地市结合当地文化和旅游特色，建设海洋主题游乐场或海洋文化城。依托先进技术，开展水下文化遗产调查和保护研究，建设广东水下文化遗产保护中心。支持建设海洋博物馆和海洋历史文化遗址公园，打造海洋文化的显著标志，提升海洋文化软实力。依托海洋创新平台、海洋实验室、海洋观测站点等，形成一批跨学科、特色鲜明的海洋科普教育场所，争取建设成为国家级海洋科普教育基地。

（3）打造海洋文旅精品项目

系统梳理广东海洋文化资源，全力保护海洋文化遗产，深入挖掘广府文化、海商文化、"海上丝绸之路"文化、妈祖文化以及海防海战历史遗迹等，支持广州南海神庙、江门川岛圣方济各教堂、湛江徐闻古港、潮州笔架山宋窑、阳江阳东大澳渔村等海丝遗址遗迹开发特色海洋文旅产品。打造一批具有海岛民俗和渔业文化特色的海洋文化旅游区，推出广东省海洋文化旅游专线。加强国际海洋文化旅游交流合作，策划滨海旅游节、海洋狂欢日、海洋文化演艺活动和海上体育赛事等国际海洋文化活动。挖掘海洋文化资源，鼓励创作具有海洋特色的文化创意产品。

四、广东省海洋公共服务产业发展建议

（一）完善海洋公共服务体系

1 建立完善海洋领域治理体系，分领域研究制定具体政策措施

海洋公共服务业作为广东省海洋经济的六大新支柱产业之一，需要在政策上予以重视和落实。利用先行先试制度优势，率先推动"十四五规划"中提出的海域立体分层设权重点改革举措，根据不同海域，即海面、海水、海床、海底分别设权，探索制定具体立体协调制度，整合一套行之有效的海洋领域治理体系。

2 逐步开放准入标准及部分限制标准，促进海洋公共服务市场化发展

目前，广东省海洋公共服务产业多由政府统筹指导，由于政府自身的局限性，无法充分发挥海洋资源的最优配置。此外，海洋公共服务资金需求大、风险高，加重了政府财政负担。建议逐步开放准入标准及部分限制标准，鼓励和引导民营企业参与建设，遴选涉海中小企业，在政策上给予重点支持。充分发挥市场机制的资源配置作用，促进海洋公共服务市场化发展。

3 完善海洋金融服务体系，建设广东特色现代海洋产业服务体系

海洋金融服务是海洋公共服务一项重要内容，为推动海洋经济持续健康发展，需要加大金融支持力度。建议对标新加坡海洋金融的发展模式，推动广州、深圳建设蓝色金融"双中心"。依托粤港澳大湾区平台，与港澳金融体系深度融合，辐射带动粤港澳大湾区乃至粤东、粤西海洋经济产业的发展。利用广东航运优势，大力支持广州海珠区、深圳前海蛇口自贸区发展航运金融，加快推动各地区金融科技、基础设施建设、蓝色金融以及便民民生金融的融合发展。

(二) 大力提升海洋公共服务的科技水平

1 完善海洋公共服务平台，建立健全海洋经济监测评估体系

广东省作为我国经济大省，建设重点海洋产业公共服务平台，健全海洋经济监督评估体系是适时之需，也是必要之举。海洋产业综合服务平台，应充分运用"互联网+"和大数据科研成果，结合智能船舶、风电、海洋生物等海洋产业发展需求。推进海洋信息技术基础建设，加快推进政府职能从研发管理向创新服务转变。构建高质量海洋经济监测评估体系，持续开展海洋经济监测工作，对存在的海洋经济重大问题开展研究，鼓励涉海企业进行数据共享，不断提升对海洋经济的综合评估分析水平。

2 筑牢海洋防灾减灾防线，提升海洋应急装备水平

建立智能海洋预报系统，强化预报监测海洋公共服务能力。充分发挥政府作用，支持和鼓励广东海洋经济发展，在防灾减灾、观测预报、监测评估等领域提供更多海洋公共产品和服务，系统提升公共服务效能。建议增加验潮站、浮标、雷达等综合观测设施建设密度，完善海洋立体观测网运行机制，增强海洋观测数据监测预警，提升海洋应急能力，维护人民群众的生命及财产安全。

3 面向全球招揽海洋高端人才，充分利用地方高水平人才优势

当前世界，科学技术是第一生产力，建议开放人才政策，面向全球招揽海洋高端人才，充分利用地方高水平人才优势，打造国际高层次人才汇聚地。目前，中国 20 多个城市纷纷出台人才新政，吸引高端人才就业入户。营造良好的科研环境，周到的政策配套、充足的资金资源、知识产权的有力保障是关键。为提升广东省在人才竞争上的优势，在政治、经济、文化上，秉着"人才强省"理念，建议实施更积极、开放、有效的人才政策。强化政治引导，汇聚地方高水平人才奋斗力量，打造更优质的人才团队，助力广东省海洋经济蓬勃发展。

（三）加大海洋公共服务的财政金融投入力度

1 引导调节资源配置及资金投放，鼓励和支持基础设施和重点项目建设

强化政策支持，加大海洋科技创新扶持力度，增加资金投放量。引导调节资源合理配置，特别是在海洋公共服务产业，应提供完善基础设施。加强航道、港口、水文气象等数据更新，重点保障通航安全和航运服务。建设海上试验场、海岛研发基地，为海上抗高盐、抗高压、抗台风、水下传导试验、海洋牧场等海上试验重点项目，为海洋数据产业提供产业服务，带动海洋经济行业发展。

2 推进技术成果转化投融资体系建设，鼓励机构及企业争取中央财政项目

加快科技投融资体系建设，强化海洋科技成果转移转化为市场化服务，完善海洋科技成果转化为金融服务体系。加大对涉海企业及机构扶持力度，推进涉海投融资项目组织实施，鼓励机构及企业争取中央财政项目，营造良好的创业投资环境，减轻相关企业负担。

3 支持服务海洋经济发展的金融产品和服务，完善融资风险补偿机制

加快蓝色金融发展，鼓励有实力的金融机构开设海洋金融部门，构建抵

押货款、抵押贷款等产品，为海洋经济发展提供金融产品和服务。加快建设国际海洋经济开发银行步伐，优先设立以深圳为首，创建"中国蓝色金融改革试验区"。完善海洋经济融资风险补偿及担保机制，切实防控海洋经济融资风险，落实海洋产业信贷政策，提高各机构发放信贷的积极性。

（四）深化与高校、涉海企业等非政府组织的交流合作

1 联合广东省各高校和涉海企业，建设海洋综合公共服务平台

采取外部引进、联建共建和整体提升等形式，联合广东省各高校和涉海企事业，建设海洋产业综合服务平台。以政府为主导、企业主体、涉海高校、科研院所、行业协会及专业机构参与，聚焦培育新型动能及修复传统动能，聚集各类创新能源，为海洋经济发展提供全链条服务。

2 加强同海洋六大产业企业交流，积极提供海洋公共服务支持

积极协同海洋六大产业企业交流，打破数据孤岛，做好在防灾减灾、观测预报、监测评估、海洋教育培训等领域的产品及服务，密切配合海洋电子信息、海上风电、海洋生物、海洋工程装备、天然气水合物产业，全面提升海洋公共服务水平。尽可能利用广东省所有的海洋技术、海洋调查、海洋通信等优势，拓展海洋公共服务范围。

3 组织涉海企业与政府需求对接，提高公共服务项目实施效率

深入贯彻习近平总书记关于经略海洋重要讲话精神，为更好服务涉海企业，助力海洋产业发展，建议组织涉海企业与政府需求对接，更多开展相应专题座谈会，听取涉海企业在相关政策方面的意见及建议，摸清解决海洋产业发展中的难点、痛点、堵点。精准对接涉海企业服务需求，进一步提升海洋公共服务项目实施效率。

（五）积极推进海洋公共服务开放合作

1 推动"一带一路"海洋公共服务合作，共建共享海洋观测监测网

高举和平发展旗帜，积极推动涉海企事业与"一带一路"沿线国家海

洋产业合作，共建友好港口、临港物流园区。聚焦广东省海洋产业技术发展与国际标准接轨，主动参与国际海事交流。海洋观测监测网作为海洋产业基础，受到全球的重视，广东省"十四五"规划明确将"智慧海洋工程"作为重大工程项目，助力完善海洋立体观测体系。

2 推动公共服务合作共享，引领带动粤港澳全面合作

加快推进粤港澳海洋交通基础设施建设，为粤港澳全面合作提供完善的服务基础。依托广州创新合作区、横琴粤澳深度合作区等，深度融入港澳科技研发氛围，形成包括研发、科技服务及科技成果的粤港澳创新共同体，最终引领带动粤港澳全面合作。

3 推动海洋科技协同创新，助力构建海洋命运共同体

海洋科技协同创新，充分利用研究所、高校和企业间的优势，做到分工明确，发挥优势，同时注意相互合作，助力构建海洋命运共同体。目前，广东省内研究所与高校联系较为密切，研究所为学生提供了较好的实践和学习平台。为更好地实现"十四五"规划和2035年远景目标，建议三者之间增强联系，研究所和高校利用企业资源，培养更符合市场需求的高质量人才，从而加快广东省海洋经济发展。

广东省海上风电产业发展蓝皮书

一、海上风电产业概况

(一) 海上风电产业链的主要构成

海上风电产业链主要包括海上风电装备制造、专业服务、施工安装、和运营维护等（图 1）。

1 装备制造

海上风电装备制造主要包括海上风电机组、海上变电站、海底电缆和海上桩基制造等环节。

海上风电机组主要包括整机制造以及叶片、塔筒、齿轮箱、发电机、变流器、电控系统、锻铸件等主要设备和部件。其中：叶片主要由树脂、玻璃纤维或碳纤维、结构胶、夹层材料、涂料等原材料制成；塔筒、齿轮箱、轴承、发电机、铸件、锻件等主要由钢、铜等原材料制成；变流器、电控系统等主要由电力电子器件和电子元器件构成。

海上变电站主要包括海上升压站和海上换流站。海上变电站主要设备包括变压器、配电装置、柔性直流换流阀、控制保护设备等。其中：变压器主要由铜、铁、硅片、绝缘材料等原材料制成；配电装置主要由开关电器、保护电器、测量电器、母线和载流导体构成；柔性直流换流阀和控制保护设备主要由电力电子器件和电子元器件构成。

海底电缆主要包括海底电缆本体和弯曲限制器、海缆监测装置等附属设备。海底电缆本体主要由金属材料铜、钢、铅等，以及绝缘材料和光纤等构成。

海上桩基制造主要是指海上风电机组和海上变电站基础支撑结构的加工制造。

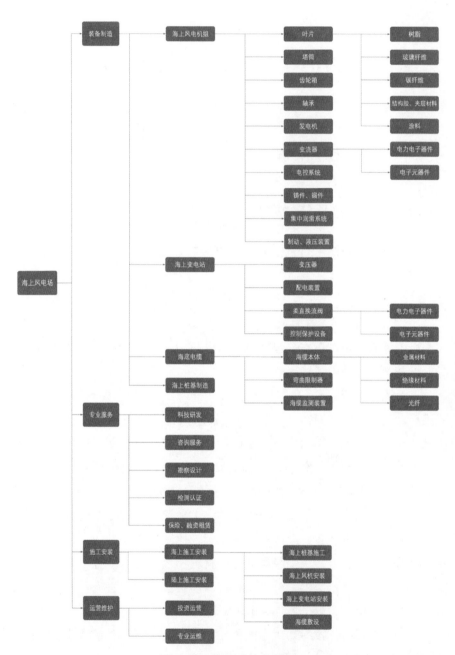

图1　海上风电全产业链图

2 专业服务

海上风电专业服务主要包括科技研发、咨询服务、勘察设计、检测认证、保险和融资租赁等。

3 施工安装

海上风电施工安装主要包括海上施工安装和陆上施工安装。海上施工安装包括海上桩基施工、海上风机安装、海上变电站安装和海缆敷设等主要环节。

4 运营维护

海上风电运营维护主要包括投资运营和专业维护。

(二) 海上风电发展现状

1 全球海上风电发展现状

海上风能资源丰富且开发潜力巨大，海上风电开发对于应对全球气候变化问题具有重大意义，将大力发展海上风电作为能源转型的主要方向已成为全球能源行业的共识。

近年来，全球海上风电产业不断升级，技术成本不断优化，发展速度明显加快。根据全球风能理事会（GWEC）数据统计，截至 2020 年年底，全球海上风电累计装机容量约 35 293 兆瓦。其中，全球海上风电累计装机容量排名前五的国家分别是英国（10 206 兆瓦）、中国（9 996 兆瓦）、德国（7 728 兆瓦）、荷兰（2 611 兆瓦）和比利时（2 262 兆瓦）。2020 年全球海上风电新增装机容量超过 6 068 兆瓦，其中新增装机容量排名前五的国家分别是中国（3 060 兆瓦）、荷兰（1 493 兆瓦）、比利时（706 兆瓦）、英国（483 兆瓦）、德国（237 兆瓦）。

2 我国海上风电发展现状

我国海上风能资源丰富，根据全国普查成果，我国 5～25 米水深、

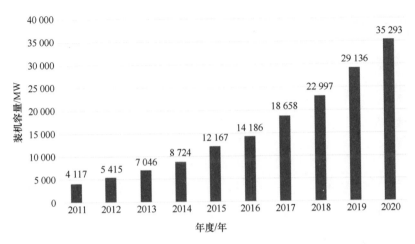

图 2　2011—2020 年全球海上风电累计装机容量（来源：GWEC）

50 米高度海上风电开发潜力约 2 亿千瓦；5~50 米水深、70 米高度海上风电开发潜力约 5 亿千瓦。

目前，我国海上风电开发已经进入了规模化、商业化发展阶段。全国 11 个沿海省（自治区、直辖市）均开展了海上风电规划研究工作，江苏、福建、山东、广东、浙江、上海、河北、海南和辽宁编制了海上风电发展规划并获得了国家能源局的批复。根据各省（自治区、直辖市）海上风电规划，全国海上风电规划总量超过 8 000 万千瓦，重点布局分布在广东、江苏、浙江、福建，行业开发前景广阔。

"十三五"期间，我国海上风电发展迅速，2020 年，我国海上风电新增装机 306 万千瓦，占全球新增装机的 50.45%，至 2020 年年底，累计装机约 900 万千瓦（国家能源局数据），已超越德国位居全球第二位。

至 2020 年年底，我国沿海 8 个省（直辖市）有海上风电项目并网，累计并网规模：江苏 572.7 万千瓦、广东 101.6 万千瓦、福建 75.6 万千瓦、上海 41.7 万千瓦、浙江 38.4 万千瓦、河北 30 万千瓦、辽宁 29.9 万千瓦、天津 9 万千瓦。

3　广东省海上风电发展现状

2018 年，国家能源局批复同意《广东省海上风电发展规划（2017—

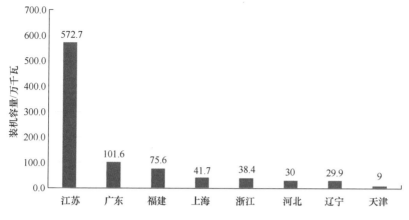

图 3 至 2020 年年底各省（直辖市）海上风电累计投产容量

（来源：国家能源局）

2030 年）（修编）》，规划建设海上风电场 23 个，装机容量 6 685 万千瓦。其中：近海浅水区场址 15 个，装机容量 985 万千瓦；近海深水区场址 8 个，装机容量 5 700 万千瓦。

全省共核准 3 595 万千瓦，包括近海浅水区场址 1 035 万千瓦和近海深水区场址 2 560 万千瓦（包括阳江市 700 万千瓦、揭阳市 550 万千瓦、汕头市 950 万千瓦，汕尾市 360 万千瓦）。

至 2021 年 3 月，广东省海上风电累计开工 21 个项目，装机容量约 690 万千瓦，累计投产容量约 130 万千瓦，南网珠海桂山一期、粤电湛江外罗、中广核阳江南鹏岛、三峡阳西沙扒、粤电珠海金湾等 5 个项目已实现全容量并网，投产容量位于江苏省之后，居全国第二位。2021 年已完成投产约 600 万千瓦。

（三）海上风电产业发展概况

1 全球领先地区海上风电产业布局情况

欧洲是全球海上风电发展的引领者，在历经产业发展的沉淀后逐渐形成了几个著名的海上风电母港港口，比如丹麦埃斯比约港、德国不来梅哈芬港、英国赫尔港、荷兰埃姆斯哈文港等。这些欧洲国家的港口城市都完成了从渔牧养殖村、能源运输枢纽到风电之都的转型。

（1）丹麦埃斯比约港

位于欧洲丹麦日德兰半岛西海岸的埃斯比约港（Esbjerg），从古老渔村发展为丹麦的航运出口中心。自1970年初在毗邻的北海发现油田而成为一个石油重镇。最近几年逐渐转型为海上风电之都，欧洲每年70%~80%新生产的海上风机，从这个港口运往世界各地，埃斯比约港已成为欧洲海上风电第一港，以及世界上最重要的风力发电、设备生产与出口、技术研发基地之一。

埃斯比约港面积约4.5万平方千米，海上风电业务占地面积为2.6万平方千米，约占港口用地的58%，辐射半径1000千米。埃斯比约港入驻了超过200家海上风电相关企业，员工总数超过1万人，拥有充足的港区设施、物流条件和技术人才储备，形成了丹麦海上能源集群。65%的丹麦风机从埃斯比约港出口，除此之外，港口还直供英国3000兆瓦的海上风电项目配套装备。丹麦海上能源协会总部位于埃斯比约，有230家会员企业，覆盖了埃斯比约地区海上能源相关产业链。

（2）德国不来梅哈芬港

德国不来梅哈芬拥有欧洲最长的连续性集装箱码头岸线，是著名的集装箱货运码头。不来梅哈芬有着悠久的工业历史，曾是造船中心，后因造船业衰败而被当地政府改造致力于风力发电。

近年来，德国北海海上风电行业的总投资近一半来自不来梅哈芬，不来梅哈芬已成为德国最重要的海上风电发展基地。目前德国不来梅哈芬风电产业集群组织包括约185家会员，拥有一条完整的本地供应链，同时聚集着许多风电相关的行业和大经销商。产业集群促进了德国西北地区海上风电行业的发展，是风电定向投资的典范。

（3）荷兰埃姆斯哈文港

荷兰埃姆斯哈文港位于荷兰北部，靠近多个海上风电场，港口可达性、可触及性、便利性非常强，航道和入海口宽大，可让海上风机设备顺畅进出，发展港口经济有得天独厚的优势。现有100多家物流和服务公司，海上风电产业供应链成熟，帮助投资商节约了大量成本，成为涵盖比利时、丹麦、英国、德国等地重要的安装和组装基地。

2 国内领先地区海上风电产业布局情况

江苏省是我国海上风电第一大省,截至 2020 年年底,江苏海上风电装机量已达 573 万千瓦,占全国海上风电装机六成以上。近 10 年,江苏省立足自身资源优势和产业基础,抢抓能源产业发展的有利机遇,把海上风电装备制造为主体的新能源战略新兴产业作为优化产业结构、促进转型升级的重要引擎,不断夯实产业发展基础,加快转型升级步伐,海上风电产业链竞争实力和创新能力达到了国内一流、国际先进水平。

2020 年 12 月,江苏省人民政府印发《江苏省"产业强链"三年行动计划(2021—2023 年)》,计划提出:聚焦 13 个先进制造业集群和战略性新兴产业,实施"531"产业链递进培育工程,用 3 年时间,重点培育 50 条具有较高集聚性、根植性、先进性和具有较强协同创新力、智造发展力和品牌影响力的重点产业链,做强其中 30 条优势产业链,促进其中 10 条产业链实现卓越提升。其中,新型电力(新能源)装备集群是排名第一的先进制造业集群和战略性新兴产业。

2021 年 2 月,江苏省人民政府印发《江苏省国民经济和社会发展第十四个五年规划和二〇三五年远景目标纲要》,纲要提出:全面提升产业链供应链竞争力;实施"531"产业链递进培育工程,着力培育 50 条重点产业链,做强 30 条优势产业链,推动 10 条卓越产业链快速提升;开展"产业强链"3 年行动计划,创建一批具有标杆示范意义的国家级先进制造业集群,攻克一批制约产业链自主可控、安全高效的核心技术,推动一批卓越产业链竞争实力和创新能力达到国内一流、国际先进水平。其中,风电装备列入"50 条重点产业链"和"30 条优势产业链"。

江苏省海上风电产业主要分布在南通、盐城和连云港 3 个沿海地市,海上风电电力设备等装备制造在南京、无锡和苏州等内陆地市也有布局。

(1)江苏南通

近年来,南通积极探索海上风电发展路径,以资源开发促进产业集聚,风电产业迎来跨越发展的窗口期。全市形成了陆上、海上风电开发运营,风电整机和配套设备制造,风电技术研发,风电场施工建设和运行维护,以及勘察设计、防腐材料、海洋环境保护、大型设备物流等较为完整

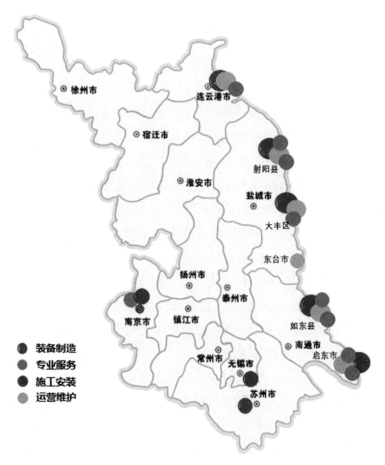

图4　江苏省海上风电产业布局示意

的风电产业体系，龙源电力、华能电力、上海电气、中船海装、远景能源等龙头企业相继落户。全市拥有如东国家火炬海上风电特色产业基地以及通州湾示范区装备工业园、启东船舶海工工业园、海安装备制造产业园等多个专业化产业园区，具备承载风电产业链项目的良好条件。园区功能划分清晰，产业协同发展，全市基本形成布局集中、产业集聚、发展集约的现代化风电产业发展格局。如东小洋口全国首个风电母港核心功能区已打造完成，建有长2.5千米、平均水深7米的航道和长、宽400米左右的挖入式港池，安装有2台800吨龙门吊和2台40吨门座起重机，满足于风电各类重型设备的运输需求。一批风电机组总装和材料、零部件企业相继落户，未来将形成 100 亿级风电产业园区。

2020 年，南通市全年风电产业营业收入突破 800 亿元。根据南通市人民政府印发的《南通市打造风电产业之都三年行动方案（2020—2022 年）》，南通市力争到 2022 年底，累计风电装机容量达近 800 万千瓦，风电产业营业收入突破 1200 亿元。

（2）江苏盐城

近年来，盐城市充分挖掘利用丰富的资源禀赋，壮大风能清洁产业，构建风电新能源全产业链。目前，盐城市海上风电产业以大丰风电产业园、射阳风电产业园、阜宁风电产业园、东台市风电产业园为载体，多个园区被认定为国家火炬特色产业基地、省特色产业集群、省特色产业基地和省特色产业园，新能源产业规模化、集群化发展特征凸显。

经过多年发展，盐城市已集聚一批行业领军企业，新能源规模以上企业达 115 家，初步构建起资源开发、装备制造、科创研发、多元应用、配套运维等全产业链布局，着力打造千亿级海上风电产业基地。2020 年，全市新能源产业累计开票销售 625.2 亿元。

以盐城大丰区为例，海上风电链上企业如今已近 30 家，落户有金风科技、中车电机等产业龙头企业，并相继引进迪皮埃、中船重工双瑞风电叶片、中天科技海缆等一批产业链企业，形成了整机及配套电机、叶片、海缆等研发、制造和运维服务一条龙的产业链条。

二、广东省海上风电产业发展概况

（一）广东省海上风电产业发展现状

1 广东省海上风电产业总体布局

近年来，广东省通过海上风电规模化开发建设，带动风电研发、装备制造及服务业发展，促进海上风电装备制造骨干企业做强做大，初步形成了集海上风电研发、装备制造、工程设计、施工安装、运营维护一体化的海上风电产业链。

《广东省海上风电发展规划（2017—2030 年）（修编）》提出，通过海上风电项目规模化开发建设，带动广东省风电研发水平提高和装备制造及服务业发展，促进广东省海上风电装备制造骨干企业做强做大，形成集海上风电研发、装备制造、工程设计、施工安装、运营维护的风电全产业链。规划在阳江建设海上风电产业基地，在粤东建设海上风电运维、科研及整机组装基地，在中山建设海上风电机组研发中心。

2018 年 12 月，经广东省政府同意印发的《关于促进广东省海上风电装备制造及服务产业发展的指导意见（试行）》提出，在阳江建设海上风电全产业链基地的同时，在汕头建设海上风电整机组装基地，在揭阳建设海上风电运维基地，在汕尾建设海上工程及配套装备制造等产业基地。

2020 年 9 月，广东省发展改革委等 6 部门联合印发的《广东省培育新能源战略性新兴产业集群行动计划（2021—2025 年）》提出，重点建设阳江海上风电全产业链基地，加快粤东海上风电海工、运维、科研及整机组装基地建设。

2021 年 6 月，广东省人民政府印发《促进海上风电有序开发和相关产业可持续发展的实施方案》，提出：加强对全省产业基地规划布局统筹，除前期已规划建设的阳江、中山、粤东产业基地外，原则上不再新增布局产业基地；加快阳江海上风电全产业链，以及粤东海工、运维及配套组装基地建设。

2 阳江市海上风电产业情况

阳江市海上风电产业主要依托阳江风电全产业链基地建设。

阳江风电全产业链基地位于阳江高新区，总规划面积约 7.4 平方千米，分为 A、B 两个片区。规划到 2025 年，整机年产能力达 500 台（套）以上，实现风电产业年产值约 1 000 亿元，其中风电装备制造产业年产值约 800 亿元；到 2030 年，整机年产能力达 1 000 台（套）以上，实现风电产业年产值约 1 800 亿元，其中风电装备制造业年产值约 1 300 亿元。

至 2021 年 4 月，已有 20 多家风电整机及配套企业签约落户，总投资约 200 亿元，其中：明阳智能、金风科技整机、明阳叶片、粤水电塔筒、中水电塔架、山东龙马铸件一期、国家海上风电装备质量监督检验中心等

7个项目建成投产，基地风电整机年产能力达到300台（套）；宁波东方海缆、中车发电机、东方电气电机等14个配套项目正抓紧建设。2020年，基地共生产风电整机223台（其中明阳整机201台），开票营业收入约40.85亿元。

表1 阳江市主要海上风电企业（不完全统计）

产业环节	企业名称
风机整机制造	明阳智能（投产）、金风科技（投产）
叶片	明阳智能（投产）、中材科技（筹建）、广州聚合（筹建）、山东双一（筹建）
塔筒	水电四局（投产）、粤水电（投产）
发电机	中车电机（在建）、东方电气（在建）
变流器	禾望电气（在建）、维谛技术（筹建）
电控系统	禾望电气（在建）、埃斯倍（筹建）
液压系统、制动系统	品奇布班察（筹建）
润滑系统	广东意德（筹建）
锻件、铸件	龙马集团（投产）
海上升压站建造	水电四局（投产）、粤水电（投产）
海底电缆	东方电缆（在建）
海缆附属设备	江阴久盛（筹建）、盘洋（筹建）、中自庆安（筹建）
桩基制造	水电四局（投产）、粤水电（投产）
检测认证	鉴衡认证（投产）
施工安装	广东精铟（筹建）
投资运营	三峡、中广核、华电、广东能源
专业运维	广东精铟（筹建）

3 汕头市海上风电产业情况

汕头市海上风电产业主要依托汕头市海上风电创新产业园建设。

汕头海上风电创新产业园位于汕头市濠江区广澳物流园西北侧，规划总面积约 133 公顷，以上海电气风电广东海上智能制造项目为龙头，规划建设集研发、制造、运维、大数据等一体的风电产业园。

至 2021 年 4 月，产业园已签约意向企业 28 家，预计总投资约 160 亿元，主要包括主机、发电机、塔筒、钢结构、电缆、变流器、主控设备、润滑系统等。其中：上海电气汕头整机组装厂已建成投产，年产能约 150 台套；汕头鲁能新能源柔性直流设备、海上风电机舱罩、发电机产线技改等 3 个项目已开工建设；其余项目均在开展前期工作。2020 年，上海电气整机组装厂共生产风机 27 台，开票营业收入约 6.17 亿元。

表 2　汕头市主要海上风电企业（不完全统计）

产业环节	企业名称
风机整机制造	上海电气（投产）
轴承	天马轴承（框架协议）
塔筒	泰胜风能（框架协议）、海力风电（框架协议）
发电机	上海电气（在建）
电控系统	丹麦 KK（框架协议）
液压系统	海卓泰克（框架协议）
润滑系统	盘古润滑（在建）
锻件、铸件	江苏钢锐（框架协议）
海上升压站建造	振华重工（框架协议）
变压器	华鹏变压器（框架协议）
柔直换流阀	国电南瑞（在建）
海底电缆	中天科技（框架协议）、远东电缆（框架协议）
桩基制造	海力风电（框架协议）
咨询设计	华东勘测设计院
施工安装	海油工程（框架协议）
投资运营	大唐、华能、三峡、鲁能、中海油、国家电投、华润

4 汕尾市海上风电产业情况

汕尾市海上风电产业主要依托汕尾陆丰碣石海工基地建设。

汕尾陆丰碣石海工基地布局在汕尾（陆丰）临港工业园区内，位于陆丰核电进场道路东南侧，基地一期规划用地约1.49平方千米，计划总投资约104亿元，预计2022年底建成投产，达产后年生产能力约100~150台（套）。碣石海工基地远期规划用地约21.7平方千米，着力打造海工、运维、科研及整机组装基地。

表3 汕尾市主要海上风电企业（不完全统计）

产业环节	企业名称
风机整机制造	明阳智能（在建）
叶片	明阳智能（投产）、惠柏新材料（框架协议）、联洋新材（框架协议）
塔筒	天能重工（在建）
齿轮箱	南方宇航（框架协议）
轴承	新强联（框架协议）
发电机	湘电动力（框架协议）、威伊艾姆（框架协议）
电控系统	威伊艾姆（框架协议）
液压系统	特力佳（框架协议）
制动系统	三斯风电（框架协议）
润滑系统	奥特科技（框架协议）
锻件、铸件	广大特材（框架协议）、永达机械（框架协议）
海上升压站建造	长风（在建）
海底电缆	中天科技（在建）、无锡恒龙（框架协议）、南通华星（框架协议）、南通鑫益（框架协议）
桩基制造	天能重工（在建）、长风（在建）
施工安装	中交三航局（框架协议）
投资运营	中广核
专业运维	中集海工（框架协议）

至 2021 年 4 月，海工基地已引进中广核新能源、明阳智能、江苏中天科技、青岛天能重工、江苏长风集团等配套企业，计划总投资约 70 亿元。截至 2020 年年底，基地已完成投资约 42.66 亿元，其中：明阳叶片厂已建成投产；汕尾水工码头（规划建造 1 个 8 000 吨重件泊位和 1 个 5 000 吨重件泊位，年设计通过能力 154.5 吨）已完成用海、用地、环评手续，完成投资 5.69 亿元；广东省能源和科技实验室汕尾海上风电分中心开工建设。2020 年，汕尾明阳叶片厂开票营业收入约 9.89 亿元。

5 揭阳市海上风电产业情况

揭阳市海上风电产业主要依托揭阳惠来临港产业园建设。

揭阳惠来临港产业园位于惠来县东南沿海一带，总规划面积 25.35 平方千米，其中陆域面积 18.46 平方千米、海域面积 6.89 平方千米，重点打造风电装备产业区、LNG 及冷链物流加工等四大板块。

至 2021 年 4 月，揭阳惠来临港产业园已引进了国家电投、美国通用电气、明阳智能、中广核、亨通集团等企业。其中：美国 GE 海上风电机组总装基地厂房已竣工验收，正在设备调试，2021 年 6 月已投产；揭阳明阳新能源综合基地项目总投资约 3 亿元，正在推进土地平整等工作；亨通海缆项目总投资约 3 亿元，已开始厂房基建施工；惠来宁水海洋工程装备基地等项目正在抓紧推进前期工作。

（二）广东省海上风电产业发展优势

1 产业链主要环节基本完备

（1）主机制造

目前，广东省有明阳智能、金风科技、上海电气、美国通用电气（GE）等 4 家海上风机整机制造企业。

明阳智慧能源集团股份公司（简称明阳智能）总部位于广东中山，是广东省本土培育的风电龙头企业。明阳智能 2021 年年报披露，公司 2020 年实现营业总收入 224.6 亿元，同比增长 114%，增幅创 3 年新高，公司总资产达到 516 亿元。截至 2020 年，明阳智能在手订单容量为

13 880 兆瓦，其中，陆地风电设备订单容量为 8 250 兆瓦，海上风电设备订单为 5 630 兆瓦，5 兆瓦以上风机设备订单占比达到 40.68%，机组大型率占比位居全国第一。

明阳智能现有海上风电主机生产基地分别为珠海总装基地、阳江总装基地、汕尾总装基地，3 个海上风电主机总装基地最大年产能可达到 1 100 套，能够生产 5.5~15 兆瓦级别海上风电主机。2020 年，明阳智能海上 5.5 兆瓦及以上机组累计出产 289 台，其中，珠海总装基地 58 台、阳江总装基地 229 台、汕尾总装基地 2 台，新增装机数量位列全球第三、国内第二。

新疆金风科技股份有限公司（简称金风科技）于 2018 年 12 月与阳江市签订合作协议，将风电整机制造项目及相关配套项目落户位于阳江高新区的广东（阳江）海上风电装备制造产业基地。金风科技阳江风电产业基地于 2019 年 7 月开工建设，于 2020 年 7 月投产使用，年产能约 100 台套。2020 年，金风科技阳江风电产业基地生产海上风电整机 22 台。

上海电气风电集团股份有限公司（简称上海电气）于 2018 年 12 月与汕头市签订合作协议，上海电气风电广东海上智能制造项目落户位于汕头濠江区的汕头市海上风电创新产业园。上海电气汕头整机组装厂已建成投产，年产能约 150 台套，2020 年，上海电气汕头整机组装厂共生产风机 27 台，开票营业收入约 6.17 亿元。

美国通用电气公司（GE）（简称美国 GE）于 2019 年 7 月与揭阳市和广州开发区管理委员会，分别签署了海上风电投资协议。美国 GE 将在揭阳市临港产业园设立 GE 海上风电机组总装基地，并在广州开发区投资建设 GE 海上风电运营和开发中心。GE 海上风电机组总装基地将生产制造 GE 可再生能源集团所研发的功率最大的海上风机 Haliade−X 12MW。目前，总装基地厂房已竣工验收，正在设备调试，2021 年 6 月已投产。规划产能 2021 年 19 台，2022 年 50 台，2023 年达到 72 台。

综上，广东省拥有多家海上风电整机龙头企业，总产能达到每年 1 400 台套，可以满足广东省海上风电规模化开发的风机供应需求，并具备辐射海外和周边省市的生产能力。

（2）叶片制造

叶片是海上风电机组的核心部件之一，在风电机组的整机成本构成中，风机叶片占风机总成本20%左右，是整机成本、发电效率、利用小时数等的关键要素。叶片设计、制造及运行状态的好坏直接影响到整机的性能和发电效率，对风电场运营成本影响重大。叶片也是风电部件中确定性较高、市场容量较大、盈利模式清晰的行业，其制造在我国较早实现国产化。

在风机叶片材料方面，我国部分叶片原材料仍依赖进口。叶片芯材是风机叶片的关键材料，通常安装在叶片的前缘、后缘以及腹板等部位，起到局部稳定、提高叶片抗载荷的作用。巴沙轻木和PVC泡沫是叶片芯材的主要品种，巴沙木为主、PVC泡沫为辅，全球90%的叶片芯材原料来自厄瓜多尔和意大利。在叶片树脂、玻璃纤维、碳纤维、结构胶、夹层材料、涂料等原材料细分领域，中国巨石、九鼎新材、中复神鹰、精功科技等本土企业具有一定的市场份额，但仍与国际先进水平差距明显。

目前，中材科技、时代新材、中复连众是国内三大风机叶片制造商。目前，广东省仅有明阳智能一家叶片生产企业，该公司在全国多地布局有叶片生产基地，在国内的风电叶片市场中也占有较大比例。明阳智能现有海上风电叶片基地分别为中山叶片生产基地、阳江叶片生产基地、汕尾叶片生产基地，3个海上风电叶片生产基地年最大产能可达到2 700片，合计900套，能够生产最长130米左右的叶片。明阳智能目前在中山、阳江、汕尾投产的海上叶片生产基地产能可保障与其生产的海上风电整机的配套性，具有较强的竞争优势。在叶片原材料领域，广东省仅有广州聚合新材料科技股份有限公司、广州惠利电子材料有限公司等树脂企业。

（3）塔筒制造

塔筒是海上风电机组的支撑部件，技术门槛不高，生产厂商众多，市场竞争较为激烈。塔筒属于重型工业设备，由于塔筒的最佳运输半径一般不超过500千米，因此生产企业比较分散，国内企业主要包括天顺风能、泰胜风能、天能重工、大金重工、福船一帆等，其中，天顺风能是全球最具规模的风力发电塔架专业制造企业之一。

广东省现有多家风机塔筒企业制造商。广东水电二局股份有限公司、中国水电四局（阳江）海工装备有限公司年产能均超过 10 万吨，广东天能海洋重工有限公司汕尾园区厂房主体工程已完工，上海泰胜风能装备股份有限公司和江苏海力风电设备科技有限公司已分别与汕头市海上风电创新产业园签订战略合作框架协议。

（4）发电机制造

发电机是风电机组的主要电力设备，将机械能转换成电能，主要分为双馈型发电机、鼠笼异步发电机、永磁同步发电机 3 种类型。

风力发电机生产制造已全面国产化，国内企业主要包括中车株洲电机、中车永济电机、湘潭电机、中电电机、兰州电机、哈电电机、大连天元电机、东方电机、上海电机等。

广东省现有两家风力发电机制造企业。广东中车新能源电机有限公司由中车株洲电机有限公司下属全资子公司江苏中车电机有限公司设立，在阳江建设海上和出口风力发电机制造基地。东方电气（广东）能源科技有限公司由东方电气集团东方电机有限公司设立，在阳江建设风电电机制造基地，主要生产制造大兆瓦级海上风电电机。

（5）变流器制造

变流器是风电机组的核心部件之一，将风力发电机发出的电能变换成为电压、频率、相位符合并网要求的电能。

2010 年之前，风电变流器因技术及工艺设计难度大，以及可靠性要求高等因素而被 ABB、西门子、艾默生等国外几个电气巨头所垄断。

我国在"十一五""十二五"期间，重点支持了风电变流器的国产化。这期间，以阳光电源、日风电气、禾望电气、海得控制等一批企业为代表的风电变流器产品脱颖而出。2020 年中国风电新增吊装容量 57 800 兆瓦，阳光电源 2020 年风电变流器销售量超过 6 000 台（超 16 000 兆瓦），禾望电气 2020 年风电变流器销售量 4 175 台（超 11 000 兆瓦），浙江日风电气 2020 年风电变流器销售 1 591 台（超 4 000 兆瓦），加上海得控制、天诚同创、天津瑞能、国电南瑞等其他国产品牌的销售量，风电变流器国产品牌市场占有率已远超进口品牌。与陆上风电变流器相比，海上风电变流器对产品功率、可靠性、稳定性以及抗高湿高盐雾性能的要求更为苛刻，技术壁垒更高，目前国内海上风电大兆瓦级全功率变流器仍以西门子、ABB 等进口品牌为主，但国产化替代趋势明显。

风电变流器作为一种电力电子能量变换设备，绝缘栅双极型晶体管（IGBT）是其核心元器件。我国 IGBT 产业长期依赖进口，市场主要被英飞凌、三菱、富士电机为首的国际巨头垄断，在芯片设计制造、模块封装、封装测试等核心技术上与国际先进水平还有较大的差距，IGBT 是我国新能源装备制造"卡脖子"环节。

广东省现有深圳市禾望电气股份有限公司、维谛技术有限公司等多家风电变流器企业，在风电变流器领域具有一定的技术优势和市场竞争力。广东省在 IGBT 半导体芯片产业有一定布局，包括深圳方正微电子有限公司（芯片制造）、深圳芯能半导体技术有限公司（模组）、比亚迪股份有限公司（集成设计制造）。

（6）电控系统制造

风电机组电控系统主要包括主控系统、变桨控制系统和远程监控 SCADA 系统等，承担着风机监控、自动调节、实现最大风能捕获以及保证良好的电网兼容性等重要任务。

主控系统是风机控制系统的主体，实现自动启动、自动调向、自动调速、自动并网、自动解列、故障自动停机、自动电缆解绕及自动记录与监控等重要控制、保护功能。我国风电机组主控系统长期依赖进口，知名国际品牌主要包括倍福（Beckoff）、丹控（DEIF）、米塔（Mita）、西门子、ABB、巴合曼（Bachmann）、埃斯倍（SSB）等。近年来，随着我国风电产业的发展，涌现出如天津瑞能、海得新能源、科诺伟业、禾望电气、国电南瑞等一批风电主控系统制造企业，国产化替代趋势明显。

变桨控制系统与主控系统配合，通过对叶片节距角的控制，实现最大风能捕获以及恒速运行。知名国际品牌主要包括穆格（MOOG）、米塔（Mita）、埃斯倍（SSB）等，国内风电变桨控制系统企业较多。

广东省现有深圳市禾望电气股份有限公司等风电电控企业。阳江风电产业基地引进了埃斯倍（SSB），主要生产风电变桨控制系统。

（7）铸件、锻件制造

风电铸件主要包括轮毂、机舱、底座等，风电锻件主要包括主轴、法兰等。

198

我国风电铸件产能占全球产能的 60%。国内风电铸件企业较多，日月重工、永冠集团、吉鑫科技、山东龙马、通裕重工等。我国风电锻件在全球也处于领先水平，金雷风电在全球风电主轴市场占有率位列第一。

广东省风电铸锻件企业主要为广东龙马重工集团有限公司。广东龙马重工集团有限公司由山东龙马控股集团有限公司于 2018 年在阳江设立，一期铸造项目已投产。永冠集团控股的江苏钢锐精密机械有限公司已与汕头市海上风电创新产业园签订战略合作框架协议。

2　市场空间巨大

（1）自然条件优越

风能资源较为丰富，开发潜力巨大。广东省位于北纬 20°13′—25°31′和东经 109°39′—117°19′之间，处于我国大陆最南端，面向南海，拥有 4 114 千米海岸线和 41.93 万平方千米辽阔海域，港湾与岛屿众多。由于沿海地区地处亚热带和南亚热带海洋性季风气候区，冬、夏季季候风特征十分明显。夏季风发生在 4 月到 10 月，盛行偏南风；冬季风出现在 11 月到翌年 3 月，盛行偏北风。广东省沿海风速较高，沿海海面 100 米高度层年平均风速可达 7 米/秒以上，在离岸略远的粤东海域，年平均风速可达 8~9 米/秒或以上。风功率密度较高，沿海岛屿的风能密度在 200~400 瓦/平方米左右，粤东海域可达 750 瓦/平方米。粤西、珠三角海域风功率密度等级为 3~4 级，而粤东海域可高达 5~6 级。风能利用小时数较高，全省海域大于等于 3 米/秒的风速全年出现时间约 7 200~8 200 小时，有效风力出现时间百分率可达 82%~93%。广东省风能资源丰富，全省近海海域风能资源理论总储量约为 1 亿千瓦，开发潜力巨大。

广东省海域风能资源湍流强度较低，有利于风电机组布置。由于广东省海岸线呈东北—西南走向，所以广东省沿海风向和风能密度方向分布为秋冬占优型，风向频率和风能密度的方向分布主要集中在 N~E 扇区之间，尤其是集中于 NNE~ENE 方向上，其湍流强度一般不超过 0.10，这种分布特征较有利于风电机组布置。这是因为来自北方的冬季风经过长途跋涉到达广东省沿海时多已变得相对湿暖和减弱，所以冬季风一般不会给风电机组造成破坏性影响，并且冬季风给广东省风能资源的贡献率可达到 70%

199

以上。

（2）开发潜力巨大

广东省拥有4114千米海岸线和41.93万平方千米辽阔海域，海上风能资源丰富，沿海平均风速较大，风功率密度和风能利用小时数较高，湍流强度较低，适合规模化开发海上风电。

综合考虑海洋功能区划、海洋生态保护、港口通航、海底光缆及油气管道布置、军事设施影响等多方面因素，全省近海海域（50米水深以内）风电实际可开发容量超7 000万千瓦，深远海域（大于50米水深）风电可开发潜力更为巨大，海上风电可开发容量在全国居于首位。巨大的规模化开发潜力是广东省海上风电产业发展的天然优势。

3 政策激励发展前景广阔

全球能源转型为海上风电产业提供了发展空间。在全球化石能源日渐枯竭和气候变化形势严峻的背景下，风能作为一种可再生、环境影响小的清洁能源，其战略价值日益突显，各国都非常重视风能的开发利用。近年来，风电发电能量已占到全球可再生资源发电量的16%。虽然传统风能开发以陆上风能为主，但陆上风能因受可开发地区少、风电场占地面积大、电能不宜长途输送和环境保护的限制，发展空间有限。海上风电的发展虽然起步较晚，但是凭借海风资源的稳定性和大发电功率的特点，成为减少能源生产环节碳排放的重要技术之一，近年来正在世界各地飞速发展。全球多个国家和地区都对海上风电发展作出规划，尤其是欧洲国家，大多将海上风电作为新能源发展的主要方向之一。广东省是能源消费大省，能源结构仍以煤、油等化石能源为主，面临巨大的资源和环境压力，发展海上风电等新能源也是广东省能源结构优化调整的主要方向。在环保和产业转型升级的大环境下，海上风电市场空间日趋广阔。

我国绿色发展新要求为海上风电发展提供了政策指引和保障。党的十八大以来，以习近平同志为核心的党中央高度重视能源发展工作，提出了要推动能源消费革命、能源供给革命、能源技术革命、能源体制革命和全方位加强国际合作等重大战略思想。党的十九大提出，要推进能源生产和消费革命，构建清洁低碳、安全高效的能源体系。2016年11月，国家能源局印发《风电发展"十三五"规划》，提出"到2020年，风电累计并网装机容量确保达到2.1亿千瓦以上，其中海上风电并网装机容量达到500万千瓦以上"的要求。2017年5月，国家发展改革委联合国家能源局印发《全国海洋经济发展"十三五"规划》，提出"应因地制宜、合理布局海上风电产业，鼓励在深远海建设离岸式海上风电场，调整风电并网政策，健全海上风电产业技术标准体系和用海标准"的要求。这些重要论述和要求均为新时代能源工作指明了方向。此外，我国基本建立了较为完善的促进风电产业发展的政策体系，从开发建设、运行管理、信息监测、评价监管等方面均形成了相关规定和标准，保障了风电产业的持续健康发展。

广东省寻求新的海洋经济增长点为海上风电提供了发展契机。当前，广东省海洋传统产业产能过剩，海洋新兴产业处于萌芽期，海工装备处于转型期，海洋服务业发展滞后，迫切需要培育海洋经济新的增长点。海上风电项目技术性强、经济体量大、产业关联度高，作为新兴经济增长点的潜力巨大。

电力体制改革为海上风电提供了发展新动力。新一轮电力体制改革通过逐步放开发用电计划、建立优先发电制度等方式，构建现代竞争性电力市场。海上风电项目要通过竞争配置方式组织建设。在新的体制机制下，海上风电等可再生能源将能公平地参与市场交易，消纳市场逐步扩大，为海上风电提供了发展动力。

4 目标明确、路径清晰、产业基地规划合理

《广东省海上风电发展规划（2017—2030年）（修编）》提出了明确的海上风电产业发展目标和实施路径，具有重要的指导作用。

发展目标：到2020年年底，初步建成海上风电研发、装备制造和运营维护基地，设备研发、制造和服务水平达到国内领先水平；到2030年年底，形成整机制造、关键零部件生产、海工施工及相关服务业协调发展的海上风电产业体系，海上风电设备研发、制造和服务水平达到国际领先水平，广东省海上风电产业成为国际竞争力强的优势产业之一。

实施路径：通过海上风电规模化开发建设，以广东省海上风电装备制

造骨干企业为龙头，带动广东省风电研发水平提高和装备制造及服务业发展，促进广东省海上风电装备制造骨干企业做强做大。在阳江市建设海上风电产业基地，在粤东建设海上风电运维、科研及整机组装基地，在中山市建设海上风电机组研发中心，形成集海上风电机组研发、装备制造、工程设计、施工安装、运营维护于一体的风电全产业链，将广东省海上风电产业打造成为具有国际竞争力的优势产业。

海上风电产业基地布局在统筹考虑全省海上风电场址资源分布、各区域产业基础、交通港口条件等的基础上进行了合理规划，产业聚集效应已初步显现。

海上风电整机制造产业基础较好，国内竞争力持续提升。海上风机整机制造对于整个海上风电产业的带动作用明显。目前，广东省拥有明阳智能、金风科技、上海电气、美国 GE 等多家海上风电整机制造龙头企业，总产能可以满足广东省海上风电规模化开发的风机供应需求，并具备辐射海外和周边省份的生产能力。其中，广东省本土企业明阳智慧能源集团股份公司在海上风电整机制造领域的竞争力持续提升，2020 年海上风电机组新增装机位居全国第二，机组大型率占比位居全国第一。

海上风电专业服务产业基础较好，在国内处于领先地位。近年来，广东省充分整合省内外科研院所、高校、企业等创新资源，加快建设产业创新平台，在风电领域科研方面具备一定的基础条件，有先进能源科学与技术广东省实验室（汕尾、阳江分中心）、广东省风电技术工程实验室、广东省风电控制与并网工程实验室等 3 个省级重点实验室以及中国能源建设集团广东省电力设计研究院有限公司、南方电网科学研究院等央企技术平台。广东省海上风电咨询服务企业较多，基本涵盖了海上风电咨询服务的各个环节。中国能建广东省电力设计研究院有限公司等勘察设计企业具有丰富的近海风电工程业绩，勘察设计能力处于全国领先地位。

（三）广东省海上风电产业发展问题

广东省面临着热带气旋、风暴潮、赤潮和干旱等海洋灾害。其中，热带气旋对广东省影响最大，登陆广东省的热带气旋超过全国总数的40%。热带气旋造成风电机组损坏的主要原因是风速高、影响范围广、持续时间长、湍流强度大、风向突变等。广东省海上风电的发展仍需克服自然灾害的影响。

1 海上风电效益较低

现有的海上风电项目主要考虑工程造价和发电的经济效益，风电场范围内海域为"点征面控"，海域立体综合开发有待发展。由于海上风电建成经验较为匮乏，海上风电设备、施工技术、项目建设和运维成本仍存在较大的不确定性，海上风电投资回报水平较难明确。建设条件一般的海区，投资方决策较为困难。另外，与传统的石化能源电力相比，海上风电的发电成本仍然较高，急需寻找降低发电成本的有效措施。

2 海上风电缺乏成熟的技术和完善的配套服务

海上风电风机设备抗台风、防盐雾腐蚀、深远海等关键技术有待突破，核心产品有待开发。海上风机试验场、公共码头等基础设施建设亟待推进，电网建设和海底电缆路由有待进一步统筹衔接。海缆加工制造、海上工程施工船机设备、设备检测论证和运维服务等仍处于发展的初期，尚未形成成熟的自有体系。缺乏大型海上风电创新平台或联盟，协同创新、产学研一体化创新机制尚不成熟，科技成果转化指引模糊，市场化的海上风电创新服务方较为缺乏。海上风电地质、水文、气象等公共资源数据缺乏整合，相关规范、技术标准、测量评估和检测认证标准尚未建立。

3 海上风电工作机制有待健全

海上风电涉及能源、海洋、海事、航运、军事等多方面事务和主管部门，部门间协调管控能力有待加强。海上风电审批程序较多、时间较长，工作推进效率有待提高。公共服务保障投入不足，测量勘察、监控检测、标准认证、融资租赁等专业服务尚处于起步阶段。海上风电产业联盟处于建立初期，政府与企业间的沟通渠道尚未畅通，供需信息未能及时传达。

4　国家补贴逐步取消带来影响

经过两个"五年计划"的努力，中国海上风电累计装机容量已经达到445万千瓦，初步形成了较为完整的海上风电产业体系，对中国特别是沿海地区能源结构转型、升级有重大意义。过去5年，全球海上风电成本下降已超过50%，近期的欧洲竞价结果显示2020年前投产运营的部分项目不再需要政府补贴。中国海上风电未来几年是技术创新和变革的关键期，仍有很多降本增效空间。可以预计未来5年，我国海上风电的度电成本有望下降40%以上，到2025年基本实现平价无补贴。但目前省财政补贴政策尚未出台；同时我国海上风电关键技术，如风电机组大型化及大规模开发的规模效应、专业施工船舶设备投入、大数据技术等尚未能预测带来成本降低幅度，上述两个因素将影响广东省海上风电乃至国家海上风电建设的步伐。因此，国家补贴逐步取消对2022年之后海上风电产业带来的影响尚不能预测。

5　自主创新能力有待提高

自主创新能力有待提高，深远海风电核心技术和工程建设能力与国际先进水平差距明显。广东省缺少国家级海上风电创新平台，省级创新平台建设推进缓慢，高级创新人才缺乏，企业研发投入不足，自主创新能力有待提高。由近海向深远海发展、规模化集群开发与集中送出是广东省海上风电的发展方向，在以漂浮式风机、柔性直流输电为代表的深远海风电技术和建设能力方面与国际先进水平差距较为明显。

6　施工能力限制了规模化开发

海上船机施工资源不足，难以支撑海上风电规模化开发。广东省海上风电项目所在海域水深较深、海况恶劣，且采用5.5兆瓦及以上大容量海上风电机组，对于风机安装船的要求较高。目前，广东省企业仅有海上风电风机安装船5艘，难以满足广东省现阶段海上风电工程建设和未来规模化开发需求。

7 运维能力亟待提升

运维经验缺乏，运维能力亟待提升。广东省海上风电投产项目较少，最早投产的珠海桂山海上风电场示范项目一期工程投产时间也不满 3 年，海上风电运维经验较为缺乏，海上风电运维配套码头等基础设施、运维船舶设备研发制造和专业队伍建设等运维能力亟待提升。

8 部分产业急需填补空白

（1）齿轮箱制造

海上风电机组齿轮箱包括主齿轮箱和偏航变桨齿轮箱。主齿轮箱对风机寿命起着决定性的作用，技术含量和附加值较高，属于风电装备的核心环节，但也是目前兆瓦级风机传动链中的薄弱环节，属损坏率较高的部件。

全球风机齿轮箱市场基本处于寡头垄断格局，排名前三的供应商（南高齿、采埃孚、威能极）占到全球齿轮箱年产能的四分之三。

目前，广东省缺乏风电齿轮箱生产制造企业，阳江、汕头、汕尾、揭阳等地的风电产业园尚未有风电齿轮箱企业签约入驻。

（2）轴承制造

轴承属于风电机组的核心零部件，包括主轴轴承、发电机轴承、偏航轴承、变桨轴承，其中，主轴轴承最为关键但也是国产化率最低的零部件。风机轴承的主要功能是支撑旋转轴或其他运动体，引导转动或移动运动并承受由轴、轴上零件传递而来的载荷，其精度、性能、寿命和可靠性对主机的使用性能和可靠性起着决定性的作用。

一直以来，风电高端轴承技术和市场被国外垄断，我国轴承产业大而不强，虽然实现了变桨轴承、偏航轴承的国产化，但高端轴承材料和工艺等方面与日本、欧美存在较大差距，大功率风电轴承等高端产品依然依赖进口，国内生产的大兆瓦风电机组配套的主轴承基本采购自斯凯孚（SKF）、舍弗勒（INA＋FAG）、罗特艾德（Rothe Erde）、铁姆肯（TIMKEN）、恩斯克（NSK）、恩梯恩（NTN）等跨国集团。

在当前国内新冠肺炎疫情防控常态化、风电需求稳步上涨的情况下，叠加本土企业突破海外企业长期垄断的欲望，国内具有一定基础和一定规模的企业迎来发展时机，有望加快风电轴承的国产化进程。目前已经有风机制造企业在用瓦轴、洛轴、新强联等国内企业生产的主轴轴承。

目前，广东省缺乏风电轴承生产制造企业。汕头市海上风电创新产业园已与浙江天马轴承股份有限公司签订战略合作框架协议，但项目尚未有实质进展。

9 产业落地投产进度缓慢

各产业基地签约落户企业数量较多，已形成实际产能的企业数量有限，签约项目需要尽快落地、建设投产。据不完全统计，截至 2021 年 4 月，阳江产业基地签约企业 21 家，形成实际产能的企业 8 家；汕头产业基地签约企业 28 家，形成实际产能的企业 1 家；汕尾产业基地签约企业 6 家，形成实际产能的企业 1 家；揭阳产业基地签约企业 4 家，尚未形成实际产能。

10 产业链完备程度不具领先优势

装备制造产业链不完备，部分核心设备、零部件及原材料依赖进口，高端装备制造水平落后于长三角地区。在海上风电机组装备制造环节，广东省除整机和塔筒制造外，叶片、发电机、变流器、主控系统等核心设备制造企业数量有限，缺少齿轮箱、主轴承制造企业和玻璃纤维、碳纤维等叶片原材料企业，风机主轴承、变流器 IGBT 器件、叶片芯材等仍依赖进口。

在海上变电站装备制造环节。广东省海工制造企业尚无海上变电站建造业绩，已投产和在建的海上升压站均由省外企业建造。海上升压站主变压器、配电装置等电气一次主设备主要由省外合资企业供货，控制保护等二次设备也主要由长三角地区企业供货。柔性直流换流阀等柔直装备制造也大幅落后于长三角地区。

在海底电缆装备制造环节，广东省已引进多家省外海缆制造企业落户广东，但尚未形成实际产能，广东省已建海上风电项目海底电缆全部由省外生产供货。

表 4　海上风电高端装备制造广东省与长三角地区对比

产业环节		长三角地区装备制造企业	广东省装备制造企业
海上风电机组	整机制造	上海电气（上海）、远景能源（江苏）、金风科技（引进）	明阳智能、上海电气（引进）、金风科技（引进）、GE（引进）
	叶片制造	中材科技（江苏）、中复连众（江苏）、上玻院（上海）、中国巨石（浙江）、九鼎新材（江苏）、中复神鹰（江苏）、精功科技（浙江）、康达新材（上海）	明阳智能、广州聚合（合资）、广州惠利（合资）
	齿轮箱制造	南高齿（江苏）、杭齿前进（浙江）	
	轴承制造	斯凯孚（独资）、罗特艾德（合资）、天马轴承（浙江）	
	发电机制造	上海电气（上海）、中电电机（江苏）、中车电机（引进）	中车电机（引进）、东方电气（引进）
	变流器制造	海得控制（上海）、国电南瑞（江苏）、日风电气（浙江）	禾望电气、维谛技术（独资）
	主控系统制造	海得控制（上海）、国电南瑞（江苏）	禾望电气
	铸锻件制造	日月重工（浙江）、吉鑫科技（江苏）、华东风能（江苏）	广东龙马（引进）
海上变电站	上部组块建造	振华重工（上海）、南通海洋水建（江苏）、蓝岛海工（江苏）、江苏长风（江苏）	广东长风（引进，未投产）、振华重工（引进，未投产）
	变压器制造	华鹏变压器（江苏）、ABB 变压器（合资）	中山 ABB（合资）、广州西门子（合资）
	配电装置制造	思源电气（上海）	广州西电（引进）、明阳电气
	换流阀制造	国电南瑞（江苏）	国电南瑞（引进，未投产）
	控制保护制造	国电南瑞（江苏）、南瑞继保（江苏）、国电南自（江苏）	长园深瑞
海底电缆		中天科技（江苏）、宁波东方（浙江）、亨通光电（江苏）	中天科技（引进，未投产）、宁波东方（引进，未投产）、亨通光电（引进，未投产）

(四) 新冠肺炎疫情对广东省海上风电产业发展的影响

海上风电建设是一个复杂而又漫长的过程，建设过程历时较长，需要在不同阶段，与多个参与单位进行无缝连接和协调。在整个建设周期中，任何环节的缺失、延误都将不可避免地影响整个工程建设和相关产业链的交付，关乎整个项目的并网节点和相关产业链的发展和前景。自2020年1月迄今，由于受新冠肺炎疫情影响，导致海上风电大多上游制造企业的备料和生产不能持续高效开展；风电开发企业和政府正常对接也经常受到新冠肺炎疫情影响，无法正常开展项目前期工作。新冠肺炎疫情之初人员流动受到严格管控，尤其是新冠肺炎疫情最严重的地区湖北、湖南、河南等主要劳务输出省，无法保证人员按时返回项目地开展施工。

虽然新冠肺炎疫情影响项目不能如期复工或推进，整个海上风电项目开发周期将整体延后2~3个月，但是在广东省各级政府、省自然资源厅等指导和关怀下，各参建单位和产业链上所有相关单位努力克服新冠肺炎疫情影响，加快各项目推进和各产业基地的积极落地，已开工项目实现了2021年底顺利投产。

三、广东省海上风电产业发展规划与前景预测

(一) 市场前景

1 广东省海上风电发展"十四五"规划

"十四五"和"十五五"是广东省海上风电发展的关键时期。2021年4月，广东省人民政府印发《广东省国民经济和社会发展第十四个五年规划和2035年远景目标纲要》。纲要提出：

(1) 大力发展海上风电。推动省管海域风电项目建成投产装机容量超800万千瓦，打造粤东千万千瓦级基地，加快8兆瓦及以上大容量机组规

模化应用，促进海上风电实现平价上网。

（2）完善海上风电产业链。着力推进近海深水区风电项目规模化开发，积极推进深远海浮式海上风电场建设，加快建设粤西海上风电高端装备制造基地、粤东海上风电运维和整机组装基地，加快形成产值超千亿元海上风电产业集群。

根据《广东省可再生能源发展"十四五"规划》中间成果，"十四五"期间广东省计划新增海上风电装机容量约1 700万千瓦，到2025年，海上风电装机规模达到1 800万千瓦。

2 广东省海上风电发展的特殊性

广东省海上风电发展趋势与国内外海上风电总体趋势基本一致，但也存在一定的特殊性。

（1）主要开发区域由粤西海域逐步转向粤东海域

"十三五"期间广东省海上风电主要建设区域集中在粤西的阳江、湛江和珠三角的珠海海域，湛江、阳江、珠海海域的近海浅水区项目已全部开工，而粤东海域主要受军事影响原因推进缓慢，除汕尾后湖揭阳神泉一、汕头勒门一项目外粤东项目均暂未开工。

粤东海域风能资源优越，海上风电规划装机容量占全省总规划容量超过80%，是广东省海上风电开展的重点区域。随着粤东项目军事影响问题的陆续解决以及粤西和珠三角项目的建成投产，"十四五"期间海上风电主要开发区域将逐步转向粤东海域。

（2）由近海浅水区逐渐走向近海深水区

"十三五"期间，广东省开工建设的海上风电项目全部为近海浅水区项目（水深小于35米），近海深水区项目（水深在35米和50米之间）由于场址离岸距离较远且水深较深，现阶段经济性相对较差，仍处于前期开发研究阶段。

广东省近海深水区海上风电规划容量在当前规划总容量的占比超过85%，已核准容量达到了2 560万千瓦。随着海上风电技术的发展成熟，"十四五"时期近海深水区将有序开展试点示范建设工作，并将在"十五五"进入规模化建设阶段。

（3）开发建设将更加合理有序

2017年起，广东省海上风电由示范建设阶段转向规模化开发建设。2019年5月，国家发展改革委印发《国家发展改革委关于完善风电上网电价政策的通知》（发改价格〔2019〕882号），海上风电电价政策发生重大变化，包括广东省在内的国内海上风电建设大大提速，迎来了一波抢装潮，风机设备、施工资源市场均呈现供不应求的局面。

随着政策规定的投产节点日益临近，目前尚未开工的海上风电项目已无法实现在2021年底全部投产，海上风电开发投资已恢复理性。"十四五"海上风电补贴的持续退坡和资源竞争性配置政策的全面推行将促使广东省海上风电开发建设更加合理有序。

（4）自主创新能力将不断提升

"十三五"期间，广东省统筹开发海上风电资源，坚持技术引领、项目带动，推动海上风电开发与产业发展相互促进，海上风电产业技术水平和自主创新能力加快提升，但部分关键核心技术、设备和材料仍然依赖进口，自主创新能力与欧洲发达国家存在较大差距。

"十四五"期间，广东省将加快推进国家级和省级海上风电联合创新平台建设，鼓励和引导企业加大研发投入，培养和引进高级创新人才，培育一批具有国际先进水平的创新型龙头企业，海上风电自主创新能力将持续提升。

（5）产业集群效应将更加显著

近年来，广东省海上风电产业快速发展，产业聚集效应逐步显现，培育了明阳智慧能源集团股份公司、中国能源建设集团广东省电力设计研究院有限公司等一批骨干企业，初步形成了骨干企业带动、重大项目支撑、上下游企业聚集发展的态势。

2020年9月，广东省发展改革委等6个部门联合发布《广东省培育新能源战略性新兴产业集群行动计划（2021—2025年）》（粤发改能源〔2020〕340号），进一步明确了海上风电产业的发展目标和重点任务。随着阳江海上风电全产业链基地、中山海上风电机组研发中心和粤东海上风电海工、运维、科研整机组装基地的加快建设，海上风电产业集群效应将更加显著。

3　广东省海上风电成本将持续下降

广东省海上风电项目离岸距离相对较远，水深较深，地质条件复杂，受台风影响极端风速高、风电机组和基础安全等级高，因此，广东省海上风电当前投资造价水平相对较高。

"十四五"和"十五五"期间，根据海上风电的发展趋势，广东省海上风电的建设成本和度电成本将持续下降，主要原因包括：

（1）主要开发区域向风能资源更好的粤东及近海深水区推进，大容量风电机组的应用将有效降低海上风电的综合成本。

（2）本轮海上风电的"抢装潮"促使国内海上风机产能和海上风电施工能力得到了快速提升。随着海上风电开发投资趋于理性，风机价格、风机基础造价以及海上施工价格都将持续下降。

（3）海上风电补贴退坡和竞争配置的全面推行将倒逼海上风电全产业链通过技术创新进一步降本增效。

（4）广东省海上风电机组研发、装备制造、工程设计、施工安装、运营维护于一体的风电全产业链的不断完善为全面降低海上风电成本奠定了良好基础。

（二）发展方向

海上风电作为一种新兴产业，其发展主要依靠政府的规划和引导来促进。优先发展什么环节，重点培育什么行业，政府都应该谨慎选择，以助力海上风电产业集聚发展、形成规模，打造成为广东省新的经济增长点，推动海洋经济高质量发展。

根据罗斯托主导产业理论，选择海上风电装备制造业作为广东省海上风电产业中的主导产业（环节）。在广东省海上风电产业链（海上风电装备制造、海上风电施工、海上风电运维和海上风电专业服务业）中，得益于广东省高端装备制造业的长期积累，海上风电装备制造业基础最为扎实，且由于广东省是能源消费大省，在资源和环境的压力下海上风电市场潜力巨大。根据罗斯托主导产业理论，海上风电装备制造业具备成为广东省海上风电产业中的主导产业的条件。另外，海上风电装备制造业不同于一般的制造业，其技术门槛较高，属于技术密集型的制造业，因此在科技手段的推动下，容易获得新的生产函数和较高的增长率，逐步形成规模经济，对上下游产业形成拉动效应，促进相关产业发展。因此，现阶段应大力发展海上风电装备制造业，并将其打造成为海上风电产业链中的主导产业。

根据微笑曲线理论，选择研发设计、检测认证、融资租赁等专业服务业作为广东省海上风电重点培育的产业。在未来广东省海上风电装备制造业发展到一定规模时，制造业带来的边际效应逐步降低。此时，应重点关注价值链高端的产业环节，以此类产业环节的发展再次促进整个产业链的提升与繁荣。技术创新占据价值链的高端，握有关键核心技术等于握有市场主动权。广东省海上风电产业相关科学技术与世界一流相比仍有很大差距，关键核心技术大多依赖进口。因此广东省要注重补齐短板，大力培育海上风电研发设计，重点攻克装备制造、风电场开发、输电、海洋勘察等核心技术，重点突破海上风电机组、海底电缆、大型钢构、施工船舶等高端产品。另外，海上风电勘察咨询、检测认证、融资租赁、保险等专业服务业也应从现在起大力培育，扎牢基础，为海上风电装备制造业打造专业、高效的服务团队，完善产业链条，加快促进广东省海上风电产业规模化发展。

1. 做大做强海上风电装备制造业

以广东省骨干风机设备制造企业为基础和引领，加快形成以海上风电整机制造、电力设备制造和大型钢结构加工为中心的高端装备制造产业集群；以整机制造带动零部件制造业发展，提高风电机组发电机、叶片、齿轮箱、轴承、变流器、大型铸锻件和焊接件等关键零部件的制造能力，促进海上风电机组向大容量、智能化、抗台风方向发展。

2. 大力提升海上风电施工能力

（1）推动发展海上风电海工装备

以海上风电机组安装和运行，带动控制系统、逆变系统、输电系统设备研发制造，提升广东省海上风电机组塔筒、基础钢结构、附属海工钢构、海上升压站系统集成、海缆、专用施工船机和运维船舶等的制造水平，促进相关制造业的转型和升级。

（2）扶持本土海上风电施工安装企业

广东本省企业广州打捞局和中交四航局在海洋工程施工中均有丰富的经验。随着广东省乃至全国海上风电安装市场需求的增大，一方面要引进国内外知名安装施工企业在广东落户，支持广东海上风电发展，另一方面支持本土有海洋施工业绩的企业积极与国内外知名风电安装施工企业开展合作，切实提升广东省海上风电安装施工企业能级。

3. 率先布局海上风电运维产业

海上风电场经常受到恶劣的自然环境、复杂的地理位置和困难的交通运输等方面的影响，运行和维护成本过高。随着不断向远海海域开发大型风电场，海上风电场的运行和维护成本不断加大。鉴于国内尚未形成专业的海上风电运维产业，考虑到未来海上风电运维巨大的市场需求和利润空间。广东省应充分借鉴国外海上风电运维产业发展经验，提前做好港口建设、人才培养等方面的布局，做好海上风电运维产业配套，为做大做强海上风电运维产业提供支撑。

4. 提升发展海上风电高端服务

（1）发展全生命周期海上风电整体解决方案

以勘察设计咨询为龙头，整合施工、运维和设备等服务资源，打造全生命周期海上风电整体解决方案，涵盖贯穿海上风电场的勘察、设计、建设、施工、设备、运营和维护等多个环节，是实现海上风电降本增效的关键环节。

（2）发展海上风机检测认证产业

完善的检测认证体系对提高风机质量、推动风电技术进步、促进风电行业产业化有重要的意义。我国海上风电发展总体处于起步阶段，检测认证体系标准尚在进一步完善中，广东省应抓紧抓早，鼓励有能力的检测认证机构在广东设立分中心，根据广东省实际情况不断完善海上风机检测认证体系，制定检测认证标准，为促进海上风电行业健康发展和技术持续创新奠定基础。

（3）培育海上风电融资租赁和保险行业

海上风电项目投资大、风险高，对资金和保险需求大。目前，我国海上风电融资租赁和保险均处于起步阶段，尚没有成熟的融资租赁模式和保险模式。依托未来巨大的装机需求和市场空间，广东省应率先谋划布局、积极培育海上风电融资、保险行业，打造海上风电融资租赁和保险总部，形成依托广东、辐射全国的海上风电金融产业集群。

（三）发展布局

依托广东省海上风电规划场址，合理布局海上风电制造业和服务业发展。在阳江建设海上风电产业基地，在粤东建设海上风电运维、科研及整机组装基地，在中山市建设海上风电机组研发中心，在珠三角建设海上风电科技创新研发基地，形成集海上风电机组研发设计、装备制造、工程设计、施工安装、运营维护、专业服务于一体的海上风电全产业链，尽快将广东省海上风电产业打造成为具有国际竞争力的优势产业。

1. 海上风电整机、关键零部件、施工装备等制造业

海上风电整机、关键零部件、施工装备等制造业可布局在海上风电场附近且交通较为方便的区域，如阳江、湛江、汕头、汕尾等地的沿海地区。

海上风电装备对技术要求较高，一旦投产形成的经济规模巨大，根据俄林的一般区位理论，应布局在交通方便的区域，便于形成市场规模。另外，由于海上风电装备多为精密仪器，且体积庞大、重量较重，不适宜长距离运输，根据胡佛的成本学派理论，应布局在离海上风电场距离最近的区域。因此，从技术和成本的要求上来讲，广东省海上风电整机制造、关键零部件制造和施工装备制造等处于价值链顶端且对技术要求较高的产业，应布局在海上风电场附近，且交通相对便利的区域。

2. 海上风电普通零部件制造业

海上风电普通零部件制造业可布局在内陆欠发达地区。由于海上风电普通零部件的制造技术不需要经常升级换代，对技术型人才的需要不高，属于劳动密集型产业；同时，普通零部件体积较小、易于运输。根据弗农

的产业生命周期理论，普通零部件制造业可布局在内陆欠发达地区，保证生产成本相对较低，这也基本符合广东省海上风电机组零配件采购格局。

3. 海上风电施工和运维产业

海上风电施工和运维产业可布局在紧邻港口的区域，如粤东、粤西的大型综合性港口。

海上风电施工离不开海上风电装备的运输，其目的地是海上风电场址，而海上风电的运维对象也是海上风电场。根据胡佛的转运点区位论，结合海上风电场在海上操作的特殊性，海上风电施工和运维产业可布局在海上风电场和海上风电装备制造业之间，尤其以邻近港口的产业园区为佳，利用港口形态特点，降低海上风电物流成本，提高海上风电安装效率和维护水平。

4. 海上风电专业服务业

海上风电专业服务业可布局在创新要素集聚、产业基础扎实的区域，如广州、深圳、中山等珠三角城市。

海上风电专业服务涉及科技研发、勘察设计和咨询、检测认证、融资租赁和保险等一系列处于价值链高端的技术密集型产业。根据弗农的产业生命周期理论，处于创新期的技术密集型产业，一般应布局在科研信息与市场信息集中、高端人才密集、配套设施齐全、销售渠道畅通的发达城市。广深两地是全国创新高地，集聚了大量的创新要素，而中山是海上风电龙头企业明阳智能总部的所在地，也具备较强的海上风电研发实力。因此广东省的海上风电专业服务业可布局在广州、深圳和中山，并适当向其他珠三角发达地区延伸。

（四）发展目标

1 发展目标

按照《广东省海上风电发展规划（2017—2030年）（修编）》的目标要求，将任务目标分解到各年度。具体年度发展目标如下：

（1）到 2025 年，全省海上风电累计建成投产装机容量力争达到 1 800 万千瓦，在全国率先实现平价上网；全省海上风电整机制造产能达到 900 台套、基本建成集装备研发制造、工程设计、施工安装、运营维护于一体的具有国际竞争力的风电全产业链体系。海上风电产业链各个环节较为齐全，阳江海上风电高端装备制造示范区、珠三角海上风电科创服务基地、粤东风电运维和整机组装基地建设有序推进，形成风电机组整机、叶片、塔筒、海缆规模产能，装备研发、工程设计、施工安装、运营维护等产业链建设取得明显成效，广东省海上风电产业达到国内领先水平。

（2）远期展望至 2030 年，建成投产海上风电装机容量约 3 000 万千瓦，海上风电总产值超过 4 000 亿元，形成整机制造、关键零部件生产、海工施工及相关服务业协调发展的海上风电产业体系，海上风电设备研发、制造和服务水平达到国际领先水平，广东省海上风电产业成为国际竞争力强的优势产业之一。

2 发展前景

根据广东海上风电发展规划布局，围绕产业规模化、集聚化开发建设的总体要求，结合区域自然属性、现有产业基础、未来发展重点进行统筹，按照"中心辐射、两翼呼应"的基本原则，打造粤东粤西世界级国际海上风电产业集群。

（1）打造粤西（阳江）世界级国际海上风电产业基地

在阳江打造海上风电全产业链基地，引导海上风电产业项目向阳江基地集聚发展，打造具备大容量、高参数风机整机及配套设备制造、先进风电机组组装、检测认证等功能的粤西海上风电高端装备制造基地。建设专业化、规模化海上风电总装与出运码头，打造南中国海海上风电装备出运母港。建设世界级国际海上风电产业基地。

（2）谋划打造粤东世界级国际海上风电产业基地

在粤东选址建设海上风电运维、科研及整机组装基地，以及依托阳江海上风电产业园配套建设运维基地，为东南沿海省份海上风电工程建设、运营维护提供全生命周期服务，支撑广东省海上风电规模化持续开发。以广东省海上风电开发设计单位牵头，联合海上风电装备制造企业、项目开发单位、造船企业、施工企业、电网公司等组建运维实体企业，为海上风电运维提供专业化服务，加快提升广东省海上风电运维服务水平。

（3）打造珠三角海上风电科创服务基地

大力推进海上风电产业研发制造基地建设，以省内龙头企业明阳集团为主整合国内外研发资源组建风机装备工程实验室，鼓励支持整机和关键零部件企业在广州、深圳设立研发中心。以广东省电力设计研究机构为依托，整合珠三角及国内外的高新技术企业、高等院校、科研机构组建广东海上风电创新联盟，以国家海上风电产业政策为导向，以市场为驱动，放眼全球，立足优势，牢牢把握新时代海上风电发展机遇，找准创新研发和市场需求精准发力，着力搭建海上风电产学研用合作创新平台。加快培育和发展海上风电融资、保险和再保险业务，形成辐射全国的海上风电金融产业集群。

（4）加快建设海上风电大数据中心

依托中能建广东省电力设计研究院等专业机构，联合腾讯、阿里巴巴等国内知名企业成立广东海上风电大数据中心，搭建海上风电大数据应用平台，借助物联网、大数据、云计算等新兴信息技术和手段，加强广东省海上风电大数据采集、挖掘和研究分析工作，并在此基础上，通过建设珠三角海上风电创新平台，建立海上风电全生命周期研发公共平台，为海上风电开发建设和运营维护提供强有力的后台技术支撑，有效提升广东省海上风电产业链的智能化水平。加快推动广东省海上风电大数据中心与相关政府部门信息共享机制建设，实现海上风电大数据与经济社会全方位发展的有效融合。加快大数据平台服务型应用建设，建立海上风电开发建设的长期海洋生态影响跟踪监测工作机制。

四、广东省海上风电产业发展建议

根据广东省海上风电产业发展形势和产业对标分析情况，从科技研发、产业链补链强链、配套政策3个方面提出产业建议。

（一）科技研发

（1）建议加强创新基础能力建设，加快建设产业创新平台。推动产学研结合，充分整合国内外科研院所、高校、企业等创新资源，建设国家级和省级创新平台，鼓励地方科创研发平台申报创建省级新型研发机构。推动建设一批重大科学装置，重点支持先进能源科学与技术广东省实验室阳江和汕尾分中心建设。

（2）建议全力组织实施关键核心技术攻关，加快提升自主创新能力。积聚力量突破近海风电场基础科学、工程建设及装备关键技术，形成国内领先、具有国际竞争力的核心技术，促进海上风电平价上网。开展低风速、大容量、抗台风风电机组技术攻关，加强主轴承、齿轮箱、IGBT等核心设备研发，提升叶片设计及新材料研发应用，加快推进适应于深远海风电场开发的系统集成设计、远距离输电、新型风机基础、智能运维等技术研发。

（3）建议探索研究海上风电与其他产业的融合创新发展。大力发展多能互补、"互联网+"智慧能源技术，推动海上风电与氢能、储能、互联网技术深度融合，研究推动海上风电项目开发与海洋牧场、海洋能、海水制氢、能源岛建设、海洋旅游等相结合，实现海洋立体空间综合利用。

（4）建议积极推进新技术应用示范。支持近海深水区10兆瓦及以上风电机组、海上风电柔性直流集中送出、漂浮式海上风机基础平台、漂浮式海上风电与海洋牧场及海上制氢综合开发、海上风电能源岛等应用示范。

（二）产业链优化

（1）建议加快推进产业基地建设，促进产业集群发展。加快建设阳江海上风电全产业链基地和粤东海上风电海工、运维、科研整机组装基地，发挥龙头骨干企业带动作用，引进上下游供应链企业，促进形成以龙头企业为核心、相关配套企业聚集发展的新能源产业集群。

（2）建议加快推动产业基地签约项目落地达产。加强已签约项目的跟踪服务，强化项目的土地、资金、人才和企业生产的各类要素保障，推动产业基地签约项目落地，尤其是促进已签约的海底电缆装备制造、海上升压站建造等重点产业项目尽快建成投产。

（3）建议加大企业扶持和引进力度，尽快补强产业链薄弱环节。扶持根植于广东具有优势和潜力的产业链重点企业，引导本土海工装备优势企业进入海上变电站建造、施工船机装备制造等产业链关键领域。加大招商力度，重点引进新型材料、主轴承、齿轮箱、柔直换流阀等产业薄弱环节企业，补齐产业链短板。

（4）建议加快培育海上风电运维产业。统筹布局海上风电运维基地，配套相关基础设施，组织开展运维技术设备研发制造和专业队伍建设。推进运维服务专业化，支持由开发企业、风机制造企业各自或组合各类相关企业等方式组建专业运维机构，同时鼓励成立第三方运维机构开展运维服务。

（5）建议提前布局海上风电新兴产业和延伸产业。建议加快漂浮式测风、漂浮式海上风电基础、柔性直流输电等深远海风电核心产业布局。加快培育海上风电保险和融资租赁业务，发展服务海上风电产业信托投资、股权投资、风险投资等投融资模式。提前布局氢能、储能、海洋牧场、海洋能、能源工业互联网、综合能源岛、海洋旅游等海上风电延伸产业。

（6）加快推进广东省海上风电大数据中心建设。借助大数据、云计算、物联网等新兴信息技术和手段，建立海上风电全生命周期公共信息平台，加强广东省海上风电大数据采集、挖掘和研究分析工作，为海上风电开发建设、运营维护和产业发展提供强有力的后台技术支撑，提升广东省海上风电产业链的智能化水平。

（7）加强海上风电产业标准制定，完善省级产业标准体系。完善风电机组关键零部件、装备、风电场运维、安全等标准，制定风电机组、风电场、辅助运维设备的测试与评价标准，推动建设检测认证和信息监测体系，形成覆盖海上风电全产业链的标准体系。

（三）配套政策

（1）建议强化统筹协调，做好跟踪评估。《广东省培育新能源战略性新兴产业集群行动计划（2021—2025年）》《关于促进海上风电有序开发和相关产业可持续发展实施方案》已对当前广东省海上风电产业发展做了明确部署。建议强化统筹组织，落实各方责任，加强监督检查和评估，督促各方工作任务落到实处，推动行动计划和实施方案顺利实施。

（2）建议相关地市结合自身实际出台海上风电产业扶持政策，加大产业支持力度。配套财政资金支持项目建设和产业发展，对重点工程和产业项目予以一定的财政补贴和税收优惠。培育海上风电科技公共服务平台，对企业科技研发给予专项经费资助和科技奖励，支持企业科技创新。发挥产业投资基金的引导作用，为海上风电产业集聚发展提供资金保障。完善人才引进培养政策，集聚海上风电产业高层次创业创新人才、紧缺人才、高技能人才就业落户。

广东省天然气水合物产业发展蓝皮书

天然气水合物是一种由水和甲烷在低温高压下形成的似冰状的固态结晶物质，纯净的天然气水合物晶体呈白色或浅灰色，可以燃烧，故也称"可燃冰"。1立方米天然气水合物在标准状态下分解可释放160～180立方米甲烷气体，其能量密度是常规天然气的2倍，且燃烧排放的二氧化碳气体较少，温室效应低于常规天然气，是一种相对低碳、清洁的新能源。据统计，全球天然气水合物的资源量大约为$2.0×10^{16}$立方米，大约是已知煤炭、石油和天然气有机碳总量的2倍。全球98%的天然气水合物赋存于海域中，仅我国南海地区的天然气水合物资源量就达643.5～772.2亿吨油当量，相当于我国陆上和近海石油天然气总资源量的一半。天然气水合物若能合理开发利用，可有效满足全球能源需求，促进低碳经济发展。

我国天然气水合物的勘查开发工作虽起步较晚，但经过20多年的追赶，已进入世界领先之列。2017年，我国在南海北部海域实现全球首次在泥质粉砂储层的天然气水合物成功试采。2020年，我国在南海北部海域实施天然气水合物第二次试采取得圆满成功，创造了产气总量、日均产气量两项新的世界纪录，向产业化迈出了极为关键的一步。

天然气水合物是21世纪最有潜力的清洁替代能源，加快推进天然气水合物勘查与开发利用，抢占天然气水合物产业化开发利用战略制高点，可保障国家能源安全供应，改善能源生产和消费结构，推动绿色可持续发展，助力高质量发展海洋工程装备产业。

广东省地处南海之滨，且汇聚国内主要天然气水合物研究机构，在勘探开发上具有区位优势和技术优势，广东省已将推进南海天然气水合物产业化进程纳入海洋经济发展"十四五"规划。实现南海天然气水合物产业化，不但可以满足广东省对清洁能源日益增长的需求，也带动海洋工程装备、天然气储运、终端应用等上中下游产业链的发展，推动能源开发利用机制体制改革。广东海洋协会发布《广东省天然气水合物产业发展蓝皮书（2021年）》，旨在总结中国天然气水合物发展现状，明确未来发展思路，阐明广东省天然气水合物发展战略和政策取向，为实现天然气水合物产业化凝聚广泛共识，汇集多方力量。

一、天然气水合物产业概况

随着现代社会发展，人类对低碳清洁能源的需求日益增长，天然气水合物被视为21世纪极具商业开发前景、可取代日益枯竭的传统化石能源的战略资源之一。中国作为能源生产、消费、进口大国，石油天然气对外依存度大，加快推进天然气水合物勘查与开发利用，对于保障国家能源安全、改善能源生产和消费结构、推动绿色可持续发展具有极其重大的现实意义。

（一）天然气水合物资源分布及开发

自1961年苏联首次在西伯利亚麦索亚哈油气田的冻土层中发现自然界产出的天然气水合物以来，全球累计发现超过230个天然气水合物赋存区域，广泛分布在海域大陆边缘、陆地永久冻土带和部分内陆深水湖泊。海域天然气水合物主要分布在600米以深、海底以下数百米的沉积层中（图1）。

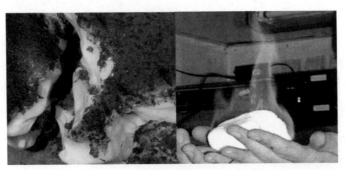

图1　海底出露的水合物（左）和燃烧的水合物样品（右）

目前，世界已发现的天然气水合物赋存区包括西太平洋海域的白令海、鄂霍茨克海、千岛海沟、冲绳海槽、日本海、四国海槽、日本南海海槽、中国南海、苏拉威西海、新西兰希库兰吉海域，东太平洋海域的中美海槽、北加利福尼亚及俄勒冈外海、秘鲁海槽、智利群岛外海，大西洋海域的布莱克海台、墨西哥湾、加勒比海、南美东海岸陆缘、非洲西海岸陆缘，印度洋的阿曼海湾，北冰洋的巴伦支海域、波弗特海域，南极的南设德兰群岛海域、罗斯海、威德尔海，以及内陆环绕下的黑海、里海、贝加尔湖等。天然气水合物研究热点区域主要为加拿大麦肯齐三角洲、美国阿拉斯加北部、墨西哥湾、日本南海海槽、韩国东南海域郁陵盆地、印度大陆边缘 K-G 盆地、中国南海北部陆坡。

国际天然气水合物研究与勘探历程可以划分为 4 个阶段：第一阶段（1778—1933 年）为实验室合成研究天然气水合物，第二阶段（1934—1968 年）为预防、治理石油天然气输送管道及相关设备被天然气水合物堵塞，第三阶段（1969—2001 年）为自然界中天然气水合物赋存证实和资源调查，第四阶段（2002 年至今）为天然气水合物资源勘查试采及产业化。发展至目前，天然气水合物实施试开采的目的是通过科学理论的发展、技术方法的完善，以及工程经验的积累实现其产业化开发。

世界各主要国家都制定了天然气水合物勘查试采研究计划，加大了对天然气水合物勘查试采技术的研发力度，在 2 个陆域冻土区和 2 个海域进行了多次开采试验（表 1）。一是 2002 年、2007 年、2008 年在加拿大马立克冻土区采用了降压法和加热法进行开采试验，但是由于效率低和出砂问题被迫中止。二是 2012 年在美国阿拉斯加北坡运用降压法和二氧化碳置换法进行开采试验，同样效率不高。三是 2013 年和 2017 年在日本南海海槽的开采试验。2013 年日本在南海海槽首次实施天然气水合物试采，维持了 6 天因出砂问题而被迫中止；2017 年实施第二次试采，第一口井再次因出砂问题而停产，第二口井产气 24 天，产气量约 20 万立方米，两口井的产量都未获有效提高，表明生产技术仍有待改进。四是 2017 年在我国南海神狐海域的开采试验，取得了圆满成功；2020 年第二次在南海神狐海域试采，改进了开采技术，提高了产气规模，同样圆满成功。

表 1　全球天然气水合物试采情况

时间	地点	试采目标	试采方法	试采状况
2002 年	加拿大麦肯齐三角洲	直接从含水合物储层中开采天然气，忽略下伏游离气	加热法	125 小时，产气 468 立方米，试验结束后仍产气 48 立方米
2007 年			降压法	12.5 小时，产气 830 立方米，由于出砂被迫中止
2008 年			降压法	6 天，累计产气 1.3 万立方米
2012 年	美国阿拉斯加北坡	二氧化碳置换甲烷开采	二氧化碳置换法	5 周，累计产气 2.83 万立方米，日均 944 立方米
			降压法	产气速率由最初 566 立方米/天增至 1274 立方米/天
2013 年	日本南海海槽	海域砂质水合物储层试采	降压法	6 天，累计产气 11.9 万立方米，日均产约 2 万立方米
2017 年			降压法	12 天，累计产气 3.2 万立方米
			降压法	24 天，累计产气 20 万立方米
2017 年	中国南海神狐海域	海域泥质粉砂储层天然气水合物试采	地层流体抽取法	60 天，累计产气 30.9 万立方米，平均日产 5150 立方米
2020 年	中国南海神狐海域	海域泥质粉砂储层天然气水合物试采	地层流体抽取法	30 天，累计产气 86.14 万立方米，平均日产 2.87 万立方米

（二）　主要国家天然气水合物资源勘探开发现状

1. 美国

美国能源部自 1982 年就开始资助天然气水合物的研究，2000 年美国能源部发布《甲烷水合物调查研究和开发行动法案》，其中的 40 多个天然气水合物调查研究项目由政府 6 个机构及一些大学、企业一起合作执行。该法案主要目标：建立全球天然气水合物数据库；解决开采技术难题；实现商业化开采；评估其对国家能源安全的贡献值；评估其对全球能源市场的贡献；评估开采天然气水合物对常规油气生产的影响。2015 年，此法案结束之际，美国组织能源部长咨询委员会评估法案的效果以及对未来天然气水合物勘探作出远期规划。专家组认为天然气水合物研究项目推动了该领域的技术发展，解决经济可采性的基础性、长期性问题，但由于美国国内成功的页岩气工业革命冲击和缺乏可预见的商业化开采前景，天然气水合物代替石化燃料在美国短期内不具经济或环境竞争力。但是，专家组也认识到天然气水合物具有巨大的资源潜力，是一种重要的长期能源资源。

2. 日本

日本稳步实施和推进中长期天然气水合物开发计划，在天然气水合物开发系统规划、开发设备研制、开发过程控制及测试等方面已经取得突破性进展，并掌握了大量核心技术，拥有了大量自主研发的技术储备。从1995 年开始，日本启动了第一个大型的天然气水合物研究计划，每年投入达 60 亿日元经费，集中了 20 多个机构 200 多位科学家参与调查研究。2019 年，日本颁布新修订的《日本海洋能源和矿产资源开发计划》，针对研发现状和存在问题，明确了下一阶段的开发目标及实现路径、必要的技术研发、推进方式等，制定了未来 5~10 年的研发路线图，计划在 2023—2027 年引入民营企业，推动海域天然气水合物商业化开发。

3. 韩国

1996 年，韩国启动了第一个天然气水合物项目，由韩国地球科学和矿产资源研究所组织实施，主要是进行初步的实验分析和基本信息收集。2000—2004 年，韩国开展了东海（日本海）海域天然气水合物的第一阶段研究，基于水合物地震属性特征分析，证实了东海海域存在水合物资源，并圈定了远景区。2007 年 6 月 19 日，在东海海域成功获取了水合物的实物样品，并且在其后的地震数据处理过程中，提出了 5 种水合物地球物理识别标志，分别是 BSR、羽状流（柱状烟囱）、渗漏气苗、声波空白带（亮点）及增强反射体。2010 年 7—9 月，韩国在东海郁陵盆地实施第二次天然气水合物钻探航次，开展了随钻测井和取心工作并进行了多项分析工作，包括沉积学分析、地球化学分析、物理特性测量、保压岩心分析以及微生物分析等。韩国曾计划于 2015 年开展试采工作，由于技术原因而推迟。

4. 印度

1995 年，印度地质局在临近海域进行了有关水合物的地质、地球化学和地球物理调查，在印度东海岸的几个深水海域获得天然气水合物矿藏广泛存在的证据，在安达曼海发现了规模较大的天然气水合物远景区，估计含有 6 万亿立方米的天然气。据估算，印度近海水合物的甲烷资源量为 40 ~120 万亿立方米。印度近海盆地发现的天然气水合物大多数以裂隙充填形式赋存于陆架和陆坡的细粒沉积物中，这显示在印度东部大陆边缘天然气水合物存在于非常复杂的地质条件下。

5. 加拿大

20 世纪 70 年代，加拿大就开始进行陆地冻土带天然气水合物调查研究，1992 年通过钻探获取天然气水合物样品，1994 年通过大洋钻探 ODP146 航次在其近海海域发现天然气水合物。1998 年，加拿大和日本、美国合作在麦肯齐三角洲钻探采集到大量天然气水合物样品。2002 年，利用热水循环法（注热法的一种），在麦肯齐三角洲地区进行为期 5 天的天然气水合物试开采，共产气 470 立方米。2007 年年底和 2008 年年初，利用降压法分两次在麦肯齐三角洲实施第二次陆域天然气水合物试开采。2007 年试开采为期 12.5 小时，累计产气 830 立方米；2008 年试开采为期 6 天，累计产气 1.3 万立方米。

6. 德国

自 20 世纪 90 年代以来，德国与其他国家合作，先后在东太平洋、西南太平洋、墨西哥湾等海域进行了天然气水合物调查研究，获取了数据和样品。2004—2007 年，德国开展了黑海和墨西哥湾海底甲烷喷溢研究，天然气水合物特征研究，天然气水合物中微生物的循环和代谢作用研究，含天然气水合物沉积物中甲烷通量的控制因素及其气候效应研究等。德国科学家在天然气水合物分解引发的工程地质灾害、环境影响，以及环境监测与评价技术研究方面都取得了很好的成果。

(三) 我国天然气水合物资源与勘探开发

我国天然气水合物资源调查研究工作起步较晚，从 1995 年地质矿产部设立水合物调研项目开始，经过 20 多年的不懈努力，取得了重大进展，现处于产业化起步阶段，预期在"十五五"末期进入商业性开发阶段。

1. 勘探开发历程

20 世纪 90 年代初，国内有关科研院所、大专院校开展了少量的水合物情报跟踪、前期研究和合成试验工作。1995 年，地质矿产部和中国大洋矿产资源勘探开发协会共同设立项目，对天然气水合物在世界各大洋中的形成、分布及其对地质灾害和全球气候变化等方面的影响进行初步研究，认为我国近海海域具有水合物成藏条件。1998 年，在国家"863"计划的支持下，多家机构共同开展"海底水合物资源探查的关键技术"前沿性课题研究，取得了良好的研究成果。

1999 年，国土资源部启动南海北部天然气水合物资源调查与评价，连续两年在南海北部进行水合物资源调查，首次在南海发现了水合物存在的重要地球物理标志——似海底反射（BSR）、反射振幅空白、极性反转及速度异常。同时，结合海底表层地质-地球化学取样、海底多波束数据、浅层剖面及海底摄像等多学科综合调查，发现了与水合物相关的间接地球化学异常标志及碳酸盐岩结壳等地质标志，这些异常特征所处部位与本区地震反射记录所揭示的异常区分布相吻合，初步确认了海域天然气水合物的存在。

2002 年，我国继续在南海北部陆坡 4 个海域，有重点、分层次地开展了天然气水合物资源调查与评价，并实施了地质钻探。通过近 10 年综合调查与系统研究，在南海北部发现了"似海底反射层+振幅空白带至浅部气烟囱+海底微地貌、碳酸盐岩结壳+沉积物地化异常"等综合地质地球物理的多信息水合物资源证据，进行了资源综合评价，优选了有利勘探目标区，并于 2007 年实施钻探验证，首次获取水合物实物样品，证实我国南海北部陆坡区存在天然气水合物。

2017 年，我国海域天然气水合物第一轮试采成功，实现连续稳定产气

60 天，累计产气 30.9 万立方米。同年，国务院批准将天然气水合物列为我国第 173 个矿种，为水合物产业化开采奠定法律基础。2019 年，我国在南海重点海域首次发现厚度大、纯度高、类型多、呈多层分布的天然气水合物矿藏。2020 年，我国海域天然气水合物第二轮试采成功，实现连续稳定产气 30 天，累计产气 86.14 万立方米，创造了"产气总量最大，日均产气量最高"两项新的世界纪录（图 2）。

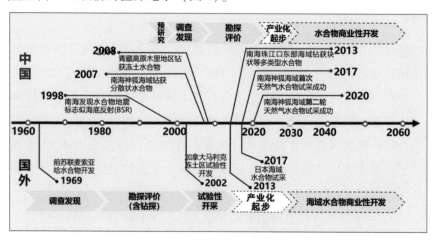

图 2　中国与外国的天然气水合物勘探历史

2. 南海天然气水合物资源

南海是西太平洋最大的边缘海之一，面积约 350 万平方千米。以中央海盆为中心的南海陆缘新生代沉积盆地十分发育，为天然气水合物的形成创造了非常有利的地质构造环境。我国南海北部陆坡更是天然气水合物形成和储存的理想场所，发育了珠江口盆地、琼东南盆地、西沙海槽盆地、台西南盆地、尖峰北盆地和笔架南盆地等，这些盆地的展布受南海扩张方向的控制，呈 NE-NEE 向，盆地内分割性强，具有多个沉积中心，正断层发育；南部陆缘分布有曾母盆地、文莱—沙巴盆地、北康盆地、南薇盆地、礼乐盆地等，这些盆地同生断层、褶皱构造、底辟构造都较发育，南部盆地还伴有逆冲断层；西部陆缘沉积盆地有莺歌海盆地、中建南盆地、万安盆地等，这些盆地由于受到先张后压的影响，盆地呈狭长状，没有明显的分割性，褶皱和断裂同时形成，泥底辟构造常见；东部陆缘上新生代盆地的形成和迁移，与火山弧和俯冲带的迁移密切相关，盆地一般呈长条状，常有巨厚的火山岩和火山碎屑岩系，如巴拉望盆地、吕宋海槽盆地等。在南海的新生代沉积盆地中，一半以上主体位于陆坡区，如台西南盆地、琼东南盆地、中建南盆地、北康盆地、礼乐盆地等，具有良好的油气地质条件和较大的生烃潜力，可为陆坡区天然气水合物的形成提供大规模的天然气来源。

根据我国南海天然气水合物勘探的地质、地球物理、地球化学初查成果，科技人员分析南海水合物成矿条件，寻找水合物存在的标志，划出水合物资源的远景区，初步测算水合物远景资源量。在对天然气水合物资源远景评价时综合考虑海域水深、有利构造区带、有利沉积区带、地质、地球物理、地球化学以及热力学条件等因素后，在南海北部陆坡区共划分了12个天然气水合物资源远景区。图3为我国在南海取得的不同类型天然气水合物样品。

图3　南海取得的天然气水合物样品，分别为块状（左），结核状（中），分散状（右）

（四）我国南海两次试采成功

中国地质调查局广州海洋地质调查局于2007年在南海首次钻探获取天然气水合物实物样品。2017年在南海神狐海域实现天然气水合物试采成功，创造了持续产气时间最长，产气总量最大两项世界纪录。2020年3月，南海神狐海域第二次天然气水合物试采也取得圆满成功，实现了从"探索性试采"向"试验性试采"的重大跨越。

2017年3月，中国地质调查局在南海神狐海域正式开始实施第一口试开采井钻探，通过实施地层流体抽取作业，5月10日成功自海底以下203～277米的天然气水合物矿藏开采出天然气。7月9日，在试开采连续2个月后，实施主动关井。本次试开采取得持续产气时间最长、产气总量最大、气流稳定、环境安全等多项重大突破性成果，创造了产气时长和总量的世界纪录（图4）。

图4　2017年3月，南海天然气水合物第一次试采成功

2019年10月至2020年3月，中国地质调查局在南海神狐海域进行了第二次天然气水合物试采并取得成功（图5）。本次试采攻克了钻井井口稳定性、水平井定向钻进、储层增产改造与防砂、精准降压等一系列深水浅软地层水平井技术难题，连续产气30天，大大提高了日产气量和产气总量。本次成功试采进一步表明，泥质粉砂储层天然气水合物具备可安全高效开采的可行性。

两次试采都做好了环境保护工作。一是形成了覆盖全过程的环境保护技术，包括压力调控、钻井安全、流动保障等技术，应用到了试采的各个环节，确保了地层的稳定和环境安全。二是构建了"大气、水体、海底、井下"一体的环境监测体系。在试采井内布放了多组传感器，在试采井周边地层、水体和水面部署了监测设备，重点监测储层温度压力、地层形变、甲烷含量等情况，实现对试采全过程的各项环境指标实时监测和预警。监测结果表明，试采过程中甲烷无泄漏，未发生地质灾害。

230

图5　2020年2月，南海天然气水合物第二次试采成功

二、广东省天然气水合物产业发展现状

广东省能源短缺、结构不合理，一次能源消费中天然气占比低，难以调和经济发展与环境保护之间的矛盾。因此，广东省发展"向海索源"势在必行，南海能源总量巨大，可为广东省发展提供充足动力。南海北部珠江口盆地常规石油天然气资源丰富，南海北部天然气水合物资源量也非常可观。近年来，广东省大力支持天然气水合物产业化发展，已取得阶段性成果。南海天然气水合物产业化是解决广东省能源高度对外依存的重要途径，有利于优化广东省能源结构。

（一）政府大力支持，加强政策引导

广东省政府出台多项政策和规划，强力推动天然气水合物产业化进程。2017年8月，国土资源部、广东省人民政府、中国石油天然气集团公司三方签署战略合作协议，共同推进南海神狐海域天然气水合物勘查开采先导试验区建设。2019年，广东省自然资源厅、广东省发展和改革委员会、广东省工业和信息化厅印发《广东省加快发展海洋六大产业行动方案（2019—2021年）》，提出加快发展海洋电子信息、海上风电、海洋生物、海洋工程装备、天然气水合物、海洋公共服务六大产业，支持天然气水合物产业加快勘察开采先导试验区建设，加强核心工程技术攻关，建设基础设施配套基地。

2020年9月，广东省发展和改革委员会、广东省能源局、广东省科学技术厅、广东省工业和信息化厅、广东省自然资源厅、广东省生态环境厅联合印发《广东省培育新能源战略性新兴产业集群行动计划（2021—2025年）》，再次提出要推动南海天然气水合物试采。2021年9月，广东省发布《广东省海洋经济发展"十四五"规划》，明确要筹建广州海洋地质调查局深海科技创新中心基地，设立天然气水合物资源勘查开发示范基地，协助开展试验区天然气水合物矿体储量勘测调查；加强天然气水合物基础理论和开采关键技术研究，推进天然气水合物开采装备的研发、制造，配套发展相关服务，加快推进天然气水合物商业化开采进程。

（二）专项资金支持成效显著

2018年以来，由广东省自然资源厅主持的"广东省级促进经济发展专项资金（海洋经济发展用途）"，主要用于支持海洋电子信息、海洋工程装备、海洋生物、天然气水合物、海上风电、海洋公共服务六大海洋产业科技研发及成果转化应用。2018年天然气水合物立项6个，2019年天然气水合物立项5个，2020年天然气水合物立项6个，2021年天然气水合物立项4个（表2）。这些天然气水合物专项的实施，将提升广东省天然气水合物开发自主创新能力和竞争能力，培养一大批天然气水合物产业化专业技术人才，提高我国海洋天然气水合物技术，夯实天然气水合物产业化基础，推动我国水合物产业化进程。项目研发成果将显著加快天然气水合物这一清洁能源的开发利用和产业化进程，确保能源安全及经济社会可持续发展，改善我国及广东省能源结构，实现节能减排和碳中和目标。

表 2　广东省级促进经济发展专项资金（海洋经济发展用途）

资助天然气水合物研究项目

年份	序号	项目	承担单位
2018 年	1	天然气水合物先导区建设与资源区块优选	广州海洋地质调查局
	2	南海天然气水合物高效开采与控制技术研究	中国科学院广州能源研究所
	3	天然气水合物定向井开采技术试验与优化	广州海洋地质调查局
	4	天然气水合物开发环境原位监测及多源数据融合预警关键技术	中国科学院深圳先进技术研究院
	5	天然气水合物经济型小井口系统研发	深圳市百勤石油技术有限公司
	6	天然气水合物生产储运关键技术研究	深圳市惠尔凯博海洋工程有限公司
2019 年	7	建设广东天然气水合物工程技术研发中心	广州海洋地质调查局
	8	天然气水合物随钻核磁原位探测技术研发	中天启明石油技术有限公司
	9	水合物开采安全评价预测技术研究	中国科学院广州能源研究所
	10	新一代南海可燃冰开采、固碳和地质修复三联技术开发	清华大学深圳研究生院
	11	多功能钻探专用船船型研发	广州海洋地质调查局
2020 年	12	海洋天然气水合物开采一体化实时环境监测网关键节点建设	广州海洋地质调查局
	13	天然气水合物钻采防砂控砂技术及装备研究项目	中国科学院广州能源研究所
	14	天然气水合物矿体精细成像的光纤耙缆技术研发	广州海洋地质调查局
	15	南海泥质粉砂天然气水合物储层开采流固产出预测与控制技术研究	中国地质大学深圳研究院
	16	天然气水合物经济型小采气树系统研究	深圳市百勤石油技术有限公司
	17	天然气水合物浮式生产储卸装置研发	深圳市惠尔凯博海洋工程有限公司
2021 年	18	天然气水合物海底原位钻井开采修复技术与关键装备研发	深圳市百勤石油技术有限公司
	19	复杂井筒多相流动安全保障技术研发	广东海洋大学深圳研究院
	20	天然气水合物拖曳式广域电磁与激电全息探测系统研究及应用	香港中文大学（深圳）
	21	南海珠江口盆地油气与水合物共生系统特征与评价技术	广州海洋地质调查局

1. 2018 年项目执行情况

2018 年度天然气水合物产业共支持 6 个项目。

广州海洋地质调查局承担 2 个项目。第一个项目"天然气水合物先导区建设与资源区块优选",完成了神狐先导区重点目标矿体的地球物理资料采集和处理,开展目标矿体精细雕刻和综合解释;落实神狐先导区天然气水合物矿体资源量,完成区块优选,为试采定向井设计提供地质技术支撑。第二个项目"天然气水合物定向井开采技术试验与优化",围绕海域天然气水合物试采目标需求,优选 2 种适用于浅软地层的强造斜钻具;形成一套深水浅软未成岩地层定向井钻完井技术方案,遴选出天然气水合物定向井开采所需的完井防砂、人工举井及生产测试系统方案,已成功应用于我国第二次海域天然气水合物试采。

中国科学院广州能源研究所承担"南海天然气水合物高效开采与控制技术研究"项目,研制出有效体积 2 585 升、最大模拟海深 3 000 米的大尺度全尺寸开采井天然气水合物三维综合试验开采系统,与已有开采模拟设备构成多尺度天然气水合物三维综合试验开采平台。

中国科学院深圳先进技术研究院承担"天然气水合物开发环境原位监测及多源数据融合预警关键技术"项目,研制试采区域地形沉降和天然气水合物储层地质结构的声学监测装置,形成天然气水合物试采区海底地表、地层形变监测、气体泄漏以及储层地质条件监测技术与分析方法。

深圳市百勤石油技术有限公司承担"天然气水合物经济型小井口系统研发"项目,研发适用于深海超浅埋层天然气水合物开发的经济型小井口系统。

深圳市惠尔凯博海洋工程有限公司承担"天然气水合物生产储运关键技术研发"项目,进行深水半潜式天然气水合物生产处理平台总体性能研究、水动力性能分析、系统集成设计研究、深水浮式结构物运动耦合分析、天然气水合物工艺生产处理系统研究、上部生产处理模块总体布置研究。

234

2. 2019 年项目执行情况

2019 年度天然气水合物产业共支持 5 个项目。

广州海洋地质调查局承担 2 个项目。第一个项目"建设广东天然气水合物工程技术研发中心",目标是探索广东天然气水合物工程技术研发中心的组织架构及运行管理制度,开展天然气水合物储层开发特性与评价技术、天然气水合物储层改造技术、天然气水合物试采平台安全保障技术、天然气水合物区块开发工程生产储运技术、不同介质天然气水合物赋存状态研究技术、天然气水合物相变过程及物性参数变化测量技术等一系列技术攻关,有力支撑南海天然气水合物勘探与开采。第二个项目"多功能钻探专用船船型研发",目标是优化勘探船舶设计,提升作业能力和经济性,在钻探工艺、取心技术、分析测试、实时监测、海洋地质科考功能拓展等方面达到世界领先水平,满足海域天然气水合物试采、海域常规油气勘查及大洋科学钻探任务需求。

中天启明石油技术有限公司承担"天然气水合物随钻核磁原位探测技术研发"项目,目标是开展天然气水合物随钻核磁原位探测技术研发,研制随钻核磁探测评价仪器样机,建立天然气水合物随钻核磁原位探测的理论模型,形成随钻核磁原位探测数据反演天然气水合物特性的工艺方法。

中国科学院广州能源研究所承担"水合物开采安全评价预测技术研究"项目,目标是通过试验获得沉积物力学性质,建立失稳准则;构建基于储层地质特性的开采井网优化方案;进行水合物分解传热渗流过程和力学过程的耦合模型的二次开发,建成一套能模拟 2 000 米水深的水合物储层变形、井壁稳定性综合试验装置和一套 TOUGH-FLAC3D 耦合相关子模型软件。

清华大学深圳研究生院承担"新一代南海可燃冰开采、固碳和地质修复三联技术开发"项目,揭示了海域水合物储层条件下降压联合 CO_2/CO_2-N_2 注采的动力学以及热力学可行性,并指出降压采气后剩余甲烷(CH_4)气体对于后续地质修复的积极作用,以及体系中混合气体的组分对于水合物的二次生长或分解作用的重要影响机制。

3. 2020 年项目执行情况

2020 年度天然气水合物产业共支持 6 个项目。

广州海洋地质调查局共承担 2 个项目。"海洋天然气水合物开采一体化实时环境监测网关键节点建设"项目，目标是研制一套海洋天然气水合物开采环境实时监测系统，建立海洋天然气水合物开采一体化实时监测网关键节点，实时监测海表大气、海水剖面、海床的海洋动力及化学环境情况，并为天然气水合物试采工程所需的海底环境监测系统提供电源及数据传输接口，实时评价开采过程中天然气水合物储层及海洋环境等关键参数的变化，建立拥有自主知识产权的开发监测技术，为天然气水合物产业化开发提供环境监测及预警技术储备。"天然气水合物矿体精细成像的光纤耙缆技术研发"项目，目标是基于现有技术装备进行适应性改造，开展天然气水合物精细成像的耙缆式地震勘探采集技术研究；基于光纤传感技术，开展新型分布式光纤地震拖缆的综合研究，研发小道距光纤拖缆和专用地震采集系统等；开展光纤耙缆采集、处理、解释反演海域天然气水合物储层数据研究，形成光纤耙缆采集、处理、解释反演一体化解决方案。

中国科学院广州能源研究所承担"天然气水合物钻采防砂控砂技术及装备研究项目"项目，研究天然气水合物井出砂预测理论，建立防砂控砂技术理论；研究开发新型防砂材料，攻克防砂控砂工艺与技术、出砂监测及管控技术。中国地质大学深圳研究院承担"南海泥质粉砂天然气水合物储层开采流固产出预测与控制技术研究"项目，目标是揭示南海泥质粉砂型水合物开采过程中储层，特别是井周储层动态响应机理，厘清其多场耦合机制，研制水合物开采储层响应与出砂综合模拟实验系统，建立水合物开采多尺度多场耦合流固产出数值预测模型，掌握力学和渗流耦合作用下的流固产出规律。深圳市百勤石油技术有限公司承担"天然气水合物经济型小采气树系统研究"项目，目标是立足于天然气水合物开发生产环境，完成天然气水合物经济型小采气树系统设计，形成水下钻井及生产系统装备核心链条和关键节点。深圳市惠尔凯博海洋工程有限公司承担"天然气水合物浮式生产储卸装置研发"项目，目标是完成天然气水合物分离及液化工艺系统研发设计，完成作业水深 1 500 米的深水天然气水合物浮式生产储卸装置（FPSO-NGH）研发设计。

（三）初步形成优势的产业链结构队伍

经过 20 多年的探索与发展，依托创新性技术力量优势和政策引导支持，广东省内有多家机构从事天然气水合物基础理论和勘探技术研究，队伍日益壮大。2020 年 7 月 10 日，广东海洋协会天然气水合物分会正式成立，中国地质调查局广州海洋地质调查局为依托单位，已发展会员单位19 个，这标志着广东省已初步形成一个产学研用相结合的天然气水合物创新研究队伍，构建一个涵盖上中下游的产业链（表3）。

表 3   广东省天然气水合物主要研究机构及优势

序号	单位机构	技术优势
1	中国地质调查局广州海洋地质调查局	已建立天然气水合物勘探、评价、测试、开采、环境保护与监测全方位技术体系，拥有 9 艘科考船，配备强大的专业人才队伍
2	中国科学院广州能源研究所	研究天然气水合物基础特征、成藏机制、开采技术、安全环境影响，形成了水合物基础物性、成藏机制及资源评价、开采理论及技术、应用技术 4 个体系
3	北京大学深圳研究生院	天然气水合物开发技术、原位监测技术、开发系统沉积物模拟技术
4	广州能源检测研究院	建设国家烃基清洁能源产品质量监督检验中心，配备稳定同位素质谱仪、拉曼光谱仪、X 射线衍射仪、扫描电镜等设备，可为天然气水合物提供检测服务
5	广州发展集团股份有限公司	在电力、新能源（光伏、风电）、能源物流以及天然气输配等方面拥有多年安全运营、市场化应用经验，有着雄厚的人才技术储备、稳定的供应市场等
6	深圳市百勤石油技术有限公司	具备天然气水合物及海洋油气开发关键技术装备与管理能力
7	中天启明石油技术有限公司	拥有钻井测量领域精密仪器制造、系统集成技术，具备完善的科研试验、生产制造平台，可提供多种随钻测井技术服务
8	磐索地勘科技（广州）有限公司	海底沉积物力、热、光、电、声学等原位测试及长期观测设备

（四）拥有完备的勘探开发设备体系

中国地质调查局广州海洋地质调查局作为我国海域天然气水合物勘探开发的主要承担单位，拥有"海洋地质六号"天然气水合物综合调查船、"海洋地质八号"综合物探船、"海洋地质十号"综合地质调查船、"海洋地质十二号"综合物探调查船、"海洋地质二号""海洋地质四号"等9艘调查船（表4，图6，7）。科考船舶配备了"海马"号4 500米级深海遥控潜水器等一批先进的海洋地球物理、地球化学等调查设备，以及国际一流水平的资料处理和解释软件、样品分析测试等仪器设备，为广东省开展南海天然气水合物资源勘查开发工作提供强力的基础支撑。

表4　调查船及主要技术参数

序号	调查船名	满载排水量（吨）	主要用途
1	海洋地质二号	7 224	综合地球物理调查
2	海洋地质四号	3 376.18	海洋地质地球物理综合调查
3	海洋地质六号	4 650	天然气水合物综合调查
4	海洋地质八号	6 585.8	三维地震调查
5	海洋地质十号	3 490.7	具有钻探功能的综合地质调查
6	海洋地质十二号	3 574.1	综合地球物理调查
7	海洋地质十六号	1 183.4	多道（准三维）地震调查
8	海洋地质十八号	1 218.7	钻探物探综合调查
9	海洋地质二十号	6 021	多功能综合调查船

图6　正在勘探作业的"海洋地质八号"船

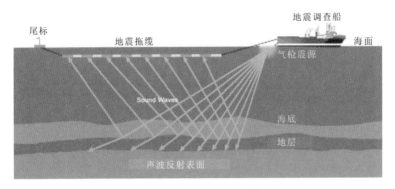

图 7　高精度地震勘探系统工作示意图

三、天然气水合物产业发展前景预测

　　广东省地处南海之滨，汇聚国内主要天然气水合物研究机构，在勘探开发上具有区位优势和技术优势。实现南海天然气水合物产业化，不但可以满足广东省对清洁能源日益增长的需求，也带动海洋经济发展，推动能源开发利用机制体制改革。

（一）预期产业化开采目标及实现阶段

　　南海天然气水合物产业化目标是加强资源勘查，推动科技进步，保护海洋生态。根据目前勘探开发状态及技术发展水平，预期我国可在 2030 年左右实现天然气水合物产业化开采，使这一高效清洁能源早日服务社会发展，2030 年以后可以进入产业化与可持续发展阶段。

　　"十四五"期间，我国将重点围绕生产性试采目标，开展天然气水合物勘查关键核心技术攻关，优化提升资源勘查评价技术，为天然气水合物矿业权的划分提供依据，优选适宜规模化开采的矿区。持续开展天然气水合物开发技术攻关，实现生产性试采关键核心技术突破，在南海天然气水合物勘查开采先导区实现生产性试采。

　　"十五五"期间，瞄准实现天然气水合物的规模化生产目标，保证开采环境安全，多家市场主体投入天然气水合物的规模化开发，形成勘查开发竞争有序的良好局面；在南海天然气水合物勘查开采先导试验区实现产业化目标，不断推进商业性开采；持续推进全产业链的健康发展，形成天然气水合物基础理论研究、上游勘探开发、下游综合利用、核心技术攻关、配套装备制造及油气田服务的协调发展。南海先导区天然气水合物开采实现产业化以后，要将其成功经验、技术和体制机制加快推广，扩大生产规模，全力保障我国能源安全和广东省经济发展，同时持续加强开采环境的长期跟踪监测，不断健全相关产业财税激励政策与技术规范，形成相对完善的配套政策体系，为天然气水合物产业可持续发展营造良好的社会环境。

（二）产生良好效益，推动广东省蓝色经济发展

南海天然气水合物在实现商业开采后，将成为我国海上能源的重要组成部分，带动广东省形成从勘探开发到运输储备、综合利用的完整产业链。在水合物两次试采过程中，"蓝鲸Ⅰ号"和"蓝鲸Ⅱ号"平台相继投入海上生产，一批勘查开发装备研制项目获得国家专项资金支持，部分高新技术装备已经取得经济收益，或即将在海洋基础地质调查、海上油气勘查、深远海矿产资源勘查、深海科学钻探等领域取得经济收益。

天然气水合物勘查开发将拉动深海技术装备市场发展。海洋工程装备是我国高端装备制造的重点领域之一，大力发展的战略性新兴产业。天然气水合物资源勘查开发将有利于拉动海洋钻采装备、管网建设、工程施工及液化天然气船仪器深海探测等相关装备的制造，产生经济效益。根据目前国内深海技术装备的市场规模和需求，预计天然气水合物在实现规模化开采后，其市场规模为百亿元级别。此外，天然气水合物实现产业化过程中，可带动形成从资源勘探、生产开发、装备制造、物流运输到工业应用的全产业链，成为广东省沿海地区新的经济增长点，创造数以万计就业岗位。

在新技术变革、气候变化以及碳排放压力等多重因素影响下，未来能源结构将会发生显著变化，化石能源所占比重将不断下降。天然气水合物资源量丰富，可充分燃烧、排放少的特点决定其开发利用符合低碳社会发

展需求，将进一步推动开采成本降低，取代煤炭成为广东省第二大燃料，改变能源结构。这有助于满足经济社会发展对清洁能源的需求，构建资源节约、环境友好的生产方式和消费模式，增强广东省可持续发展能力，提高生态文明水平。

南海天然气水合物在实现产业化过程中，将继续加强对勘查开采技术的研究和模拟应用，探索构建具有应用基础研发优势机构与产业领头企业进行强强联合的模式，打造技术创新机制中的产学研合作新模式，继续保持并进一步扩大领跑优势，持续提升深海开发的技术竞争力。

(三) 支撑构建双循环发展新格局，保障国家能源安全

2020 年以来，新冠肺炎疫情深刻影响全球政治经济形势，碳达峰、碳中和引发社会经济深远变革，极端气候及网络安全事件频发给全球能源安全带来严峻挑战。同时，新冠肺炎疫情严重扰乱国际石油贸易活动。2021 年以来，各主要经济体经济缓慢复苏拉动国际石油消费，叠加主要产油区削减石油产量、政治局势动荡不安等因素影响，导致国际能源价格持续上扬。我们应充分考虑新冠肺炎疫情和地缘政治对国际能源供需格局、投资市场预期、地缘环境带来的影响，在加大南海常规油气勘探开发力度、发展海洋清洁能源的同时，大力推进天然气水合物的产业化进程，保障我国能源安全，降低国际能源价格波动对我国社会经济发展带来的不利影响。

(四) 改善能源结构，促进粤港澳大湾区实现"双碳"目标

未来 30 年是我国实现社会主义现代化强国的关键时期，国民经济将持续高质量发展。从区域经济发展角度分析，天然气需求与各省经济规模的相关性逐步增强。展望至 2035 年，随着粤港澳大湾区的快速发展，广东省仍然是全国人口最多的省份，城镇化率将达到 85% 以上，GDP 值仍然全国领先，天然气需求量将达到 700 亿立方米。能源需求持续增长，环境保护要求日益严格，广东省能源发展不平衡不充分的问题依然突出。南海天然气水合物的产业化将是解决这一问题的重要抓手，可为大湾区发展提供运输方便、供应稳定的清洁能源，改善广东省以煤为主的能源结构，显著降

低温室气体排放，促进广东省"碳达峰、碳中和"目标的实现。

四、南海天然气水合物产业发展建议

天然气水合物产业化以市场为导向，以经济效益为中心，以主导产业为重点，优化组合各种生产要素，实行区域化布局、专业化生产、规模化建设、社会化服务，形成集调查研究、勘探开发、集输利用、技术研发、装备制造等于一体的天然气水合物完整产业链体系。为达到此目标，依托我国南海天然气水合物的巨大资源潜力和天然气水合物试采领域的技术突破，在南海北部选择先导试验区作为试点，结合开采方法和技术装备进步带动开发成本下降，形成规模化和商业化开发的局面。为此，广东省需要制定一个切实可行的发展战略，提前布局。同时，抓住新一轮科技革命和产业变革的机遇，推动互联网、大数据、人工智能、第五代移动通信（5G）等新兴技术与天然气水合物产业深度融合，建设绿色能源制造体系和服务体系。

（一）攻克勘探开发系列关键技术

实现天然气水合物高效开发是一项极为复杂的系统性工程，涉及理论、技术、工程、装备研发等多方面因素，高效开发的关键技术尚未突破，尤其是高精度勘查、储层产能模拟、开发工程技术、环境安全防护、高端海洋工程装备等方面亟待攻关。

南海天然气水合物调查整体程度还处于不平衡、不充分状态。通过20多年的系统调查研究，我们基本查明南海北部陆坡重点调查区的天然气水合物资源潜力及其分布情况。但受多种因素影响，南海其他海域的天然气水合物调查程度还比较低。此外，南海天然气水合物地质理论认识需要进一步加强。要针对南海独特的地质情况，开展多类型水合物形成机理、成矿机制及成藏规律研究，优化开采理论，加大研究、技术、工程、装备攻关力度，提高产能，降低成本，建立智能化的环境监测及评价体系，实现天然气水合物的绿色规模化商业开发与利用。进一步加大特殊井型工艺和配套设备研究，加强深水浅软未固结储层增产、防砂、流动保障等技术攻关。

（二）制定天然气水合物产业化的中长期发展规划

　　广东省是南海天然气水合物产业化的最大受益方，因此，广东省可与自然资源部、能源公司等共同制定天然气水合物产业化的中长期发展规划，主要包含以下内容：一是加大南海天然气水合物资源调查力度，查明资源家底；开展重点海域的普查，落实资源量；开展重点目标区的详查，提供数个大型资源基地，为推进产业化奠定坚实的资源基础。二是开展不同类型天然气水合物试采，研发适应不同类型水合物特点的试采工艺和技术装备；开展重点靶区的试采，建立适合我国资源特点的开发技术体系。三是把加强环境保护放在突出位置，围绕环境保护进一步完善理论技术方法体系，为安全可控的资源开发创造条件。

（三）激发资本市场积极性，支持天然气水合物发展

　　建立完善用海机制，切实解决天然气水合物资源开发风险高、深海环境复杂等方面的问题。分层次、有重点地开展不同海域天然气水合物资源调查评价，尽快明确我国天然气水合物的资源潜力、分布情况和重点探区储量规模。尤其要注重加强对重点目标区的详查和精查工作，查明资源分布规律及成因，搞清技术储量和开采经济性，制定储量分级和开采可行性标准。

　　加快形成勘探开发有序进入、充分竞争的市场机制。上游放开市场准入，通过竞争或协议方式取得天然气水合物矿业权。鼓励发展混合所有制和社会资本参与综合开发利用南海石油天然气、天然气水合物资源；在天然气水合物产业化初期阶段，探索油气体制改革路径，创新矿业权管理方式，激发市场积极性；激活微观市场主体活力，鼓励社会资本和民营企业广泛参与天然气水合物勘探开发，激发市场积极性。

（四）确定粤港澳大湾区基础设施建设布局

　　依据国家已经出台天然气管网体制改革方案，积极推进在广东省落

实。明确市场预期，鼓励各类企业和资本投资管网建设。加快推动管网设施和 LNG 接收站基础设施公平开放。积极推动运、销分离，建立全国性天然气管道公司和调度中心，打破区域管网、城市管网的专营垄断，优化城市专营制度，推广天然气用户与气源方直接交易，在实现输配分离、配售分离的基础上，降低天然气终端用户的使用成本。

加强广东省沿海 LNG 接收站装卸和存储能力。提高接收站周转能力，扩建一批 LNG 储罐。建立以地下储气库和沿海液化天然气（LNG）接收站（调峰站、储配站）调峰为主，包括天然气水合物资源在内的气田调峰、城市中小型压缩天然气（CNG）和 LNG 储备站为辅的综合调峰系统，形成包括资源储备、地下储气库储备、LNG 接收站及小型储罐等多层次储备调峰体系。

以粤港澳大湾区为试点，建立健全天然气需求侧管理和调峰机制。建立多层次天然气储备调峰体系，支持地方政府与企业合建储气调峰服务设施。尽快建立完善不同级别管网和基础设施互联互通的相关标准和技术规范，提高输配气系统利用效率。推动供用气双方签订中长期购销合同，保障天然气市场平稳运行。

（五）培育天然气水合物创新型产业集群

积极改善科技治理体系和企业创新投入机制，多层次、多渠道探索创新财政科技投入方式。广东省要支持企业自主决策、先行投入，开展重大关键共性技术的研发攻关。对领军企业引进转化的重大成果项目，采取补助和常规项目资助相结合的方式，分阶段（技术成果购买、中间试验、工业性生产试验、重大产品或装备产业化）给予资金资助。鼓励社会资本投向天然气水合物科技项目攻关，形成全社会参与创新的良好环境。支持气体清洁能源企业转型升级，通过技术改造投资等提高生产效率。加强产学研结合，支持关键共性技术研发，实施自主化依托工程推进气体清洁能源装备的自主化、国产化，全面提升本土化气体清洁能源设备技术水平。

围绕天然气水合物急需突破的关键技术，推动科研成果转化。广东省主动对接国内外先进创新中心，积极承接国内外先进技术转化成果服务产业发展需求，组织实施一批重大科技成果转化项目，加速企业与国内外高校、科研机构对接，转化一批具有产业化前景的高新技术成果。引导加强政产学研用合作，鼓励企业和社会资本参与，建立研发项目与成果转化效果挂钩的收入分配激励机制与绩效考核评价体系。

设立"天然气水合物勘查技术装备研发和关键试采技术"专项。目前我国已经成功实现了试验性试采，下一步重点攻关生产性试采。这需要广东省各级政府部门的大力支持和帮助，特别是广东省自然资源厅、广东省发改委等部门的支持，在勘查、试采、环评 3 个关键环节关键技术取得突破，形成自主可控的关键技术，以科技支撑促进天然气水合物勘查开采产业化进程。

（六）构建"数字天然气"产业生态圈

建立以产业联盟为基础的"数字天然气"（含天然气水合物）产业生态圈。以自然资源部、广东省人民政府、中国石油天然气集团公司为核心，由政、产、学、研、用、融六方面机构组成，打造"数字天然气"产业生态圈。

创建天然气水合物资源高质量开发利用的数字化综合管理服务云平台。广东省可先行先试，组织相关机构负责天然气水合物大数据的统一建设、管理、公益性利用和监管；设立专门机构，以大数据和先进信息技术为手段，统筹协调勘查和资源综合开发利用的重大事项，建立一套协调利益相关方的准则、方法和程序，形成专家咨询、部门管理、政府集体决策的综合管理体系。

推动天然气水合物大数据服务应用，实现大数据的集成和安全共享。实施能源领域的国家大数据战略，积极拓展天然气水合物大数据的采集范围，逐步覆盖勘查、开采、输送、存储、利用等环节及气象、海洋、地质等领域，实现多领域天然气大数据的集成融合。建设国家天然气水合物大数据中心，逐渐实现与相关市场主体的数据集成和共享。在安全、公平的基础上，以有效监管为前提，打通政府部门、企事业单位之间的数据壁垒，促进各类数据资源整合，提升统计、分析、预测等业务的时效性和准确度。

五、结语

中国石油天然气对外依存度不断上升，能源安全问题日益受到重视，提高国内油气供给是确保国家能源安全战略的关键。另一方面，生态安全、绿色低碳已成为全球可持续发展的核心议题，预计未来随着广东省经济持续高速发展，煤炭、石油等高碳能源需求将持续下降，天然气与可再生能源需求不断上升。面对国内外海域天然气水合物开发利用热潮和广东省对清洁能源的巨大需求，南海天然气水合物产业化进程正在"政产学研"的共同努力下加速发展，勘探、开发、储运技术取得了重要进展，中国在此方面已处于世界前列。

但是，由于海洋科技积累相对不足，我国天然气水合物勘查开发所需的自主创新技术及装备体系尚不完备，资源勘探精度低，在进一步提高产量、实现高效开发方面仍有大量关键技术问题需要攻关，且部分领域仍存短板，高端工程技术壁垒依然存在。此外，创新体系协同不够、产品应用拓展不足、相关配套政策制度不完善等因素制约了天然气水合物产业化和相关技术成果转化步伐。面对发达国家加强战略部署、旨在制造新的科技和产业壁垒的严峻形势，我国亟须进一步推动跨部门、跨行业的密切合作，协调政府机构、相关企业、科研院校等多方面共同发挥优势，建设天然气水合物勘查开发关键核心技术及装备开发平台，共同推进天然气水合物自主创新技术攻关和产业化。

《广东省天然气水合物产业发展蓝皮书》的首次公开出版，旨在搭建推进南海天然气水合物产业健康、快速发展的交流沟通平台，进一步激励社会各界深入探索天然气水合物产业化路径，协同发展。

参考文献

艾媒咨询 . 2021 年中国特医食品产业运行大数据监测分析报告［DB/OL］. (2021-08-09). https：//baijiahao. baidu. com/s? id.

陈晓 . 广东省前 7 月新药申请猛增 91%［N/OL］. 南方日报 . 2021-8-25. https：//kns. cnki. nct/kcms/detail/detail. aspx? dbname ＝ CCND2021&filename ＝ NFRB20210825A063&dbcode＝CCND.

陈兴麟，吴黄铭，汤熙翔 . 2020. 中国海洋生物医药与制品产业发展建议：基于四个城市的调研分析［J］. 中国发展，20（4）：14-21.

丁燕楠，高小玲 . 2016. 全球海洋渔业产业格局与投资趋势分析［J］. 海洋开发与管理，2016，33（9）：59-64.

樊栓狮，陈玉娟，郎雪梅，等 . 2009. 韩国天然气水合物研究开发思路及对我国的启示［J］. 中外能源，14：6.

房臣，张卫东 . 2010. 天然气水合物的分解导致海底沉积层滑坡的力学机理及相关分析［J］. 海洋科学集刊：8.

冯海波 . 海洋经济成为全省经济发展新增长极［N］. 广东科技报 . 2019-6-14.

冯蕊，史秦川，杨伦庆 . 2020. 广东省海洋公共服务业发展探讨［J］. 合作经济与科技，2020（16）：162-165.

冯贻东，冯汉林 . 2021. 现代海洋药物研发进展与浅析［J］. 应用海洋学学报，40（2）：366-371.

付秀梅，薛振凯，刘莹 . 2019. "一带一路"背景下我国海洋生物医药产业发展研究［J］. 中国海洋大学学报（社会科学版），3：21-30.

高庆彦 . 2021. 中国城镇化与基本公共服务耦合协调时空演变及优化调控［D］. 昆明：云南师范大学 .

顾协国 . 2006. 加快舟山市水产品精深加工产业发展的思考［J］. 浙江海洋学院学报（自然科学版），(3)：331-334.

海洋财富网 . 2021. 十四五规划中海洋领域的重点发展产业［DB/OL］. http：//www. hycfw. com/Article/229281.

何家雄，钟灿鸣，姚永坚，等 . 2020. 南海北部天然气水合物勘查试采及研究进展与勘探前景［J］. 海洋地质前沿，36（12）：1-14.

贺蓓，史明磊 . 2019. 中山大学将投资 4.1 亿元建设海洋生物资源库［DB/OL］. https：//www.sohu.com/a/350904946_ 161795.

环球医药网.2022.新华制药 3 款高纯度保健品掘金 30 亿鱼油市场［EB/OL］.ht-
tps：//www.qgyyzs.net/news/newshtml/hyxx/20220211104408.shtml.

梁金强.2021."十四五"时期广州推进天然气水合物产业化发展建议［M］//广州蓝
皮书：广州创新型城市发展报告（2021）.北京：社会科学文献出版社.

梁永贤.2020.山东省海洋经济创新发展研究［J］.中国海洋经济，（2）：96-112.

林香红.2021.挪威海洋产业发展态势研究［J］.海洋经济，10（6）：77-80.

刘波，朱广东.2021.江苏海洋经济高质量发展的问题、定位与路径［J］.盐城师范学
院学报（人文社会科学版），41（4）：1-10.

刘帅，陈戈，刘颖洁，等.2020.海洋大数据应用技术分析与趋势研究［J］.中国海洋
大学学报（自然科学版），50（1）：154-164.

刘兴，贝竹园，张呈.2021.加快上海全球海洋中心城市建设的思考［J］.交通与港
航，8（6）：74-78.

梅平，刘华荣，陈武，等.2007.天然气水合物的勘探、开采及环境效应研究进展［J］.
化学与生物工程，24：5.

青岛日报.2021.形成海藻材料、海洋药物两大类特色产业梯队，青岛海洋生物医药产
业实现"三级跳"［DB/OL］.https：//news.qingdaonews.com/qingdao/ 2021-06/10/
content_ 22749697.htm.

瑞旭集团.2020 年保健食品注册情况分析［R］.2021.

宋海斌.2003.天然气水合物体系动态演化研究（Ⅱ）：海底滑坡［J］.地球物理学进
展，（3）：503-511.

唐菀晨，王迎利.2019.2018 年欧美批准新药情况分析［J］.中国药物评价，36（1）：
73-76.

王成，张国建，刘文典，等.2019.海洋药物研究开发进展［J］.中国海洋药物，38
（6）：35-69.

王晶.山东明确"十四五"海洋经济发展蓝图［N］.中国自然资源报，2021-11-16
（005）.

王礼鹏.2017.如何推动海洋经济又好又快发展［J］.国家治理，（22）：27-39.

王淑红，宋海斌，颜文.2004.天然气水合物的环境效应［J］.矿物岩石地球化学通
报，23：6.

王淑玲，孙张涛.2018.全球天然气水合物勘查试采研究现状及发展趋势［J］.海洋
地质前沿，34：9.

吴时国，陈珊珊，王志君，等.2008.大陆边缘深水区海底滑坡及其不稳定性风险评估

［J］. 现代地质, 22: 8.

新华社. 2021. 十四五规划中的"海洋专章": 积极拓展海洋经济发展空间［EB/OL］. https://www.sohu.com/a/455615414_120214181.

邢军辉, 姜效典, 李德勇. 2016. 海洋天然气水合物及相关浅层气藏的地球物理勘探技术应用进展: 以黑海地区德国研究航次为例［J］. 中国海洋大学学报, (自然科学版), (6): 6.

薛国安, 胡臣友. 2020. 强弱项补短板促进江苏海洋经济高质量发展［J］. 江苏政协, (12): 19-20.

杨建超, 吴传芝, 孙长青. 2017. 全球天然气水合物勘探开发方兴未艾［N］. 中国石化报, 2017-06-02.

杨明清. 2018. 俄罗斯可燃冰开发现状及未来发展［J］. 石油钻采工艺, 40: 7.

叶芳. 2015. 浙江海洋公共服务供给体系构建研究［D］. 南昌: 南昌大学.

叶建良, 秦绪文, 谢文卫, 等. 2020. 中国南海天然气水合物第二次试采主要进展［J］. 中国地质, 47 (3): 557-568.

于婷, 董明媚, 殷悦. 2021. 海洋科学大数据共享与价值研究［J］. 海洋信息, 36 (3): 31-42.

于喆. 2015. 全球鱼油市场未来增长势头强劲［J］. 中国水产, (1): 43.

张承惠. 2021. 我国海洋金融事业发展的启示与建议［J］. 海洋经济, 11 (5): 68-75.

张善文, 黄洪波, 桂春, 等. 2018. 海洋药物及其研发进展［J］. 中国海洋药物, 37 (3): 77-92.

张涛, 冉皞, 徐晶晶, 等. 2021. 日本天然气水合物研发进展与技术方向［J］. 地球学报, 42: 196-202.

张炜, 邵明娟. 2018. 日本新《海洋能源和矿产资源开发计划》［M］. 中国地质图书馆, 中国地质调查局地学文献中心.

张效莉, 万元. 2018. 上海海洋公共服务战略定位及政策建议研究［J］. 海洋经济, 8 (4): 61-66.

张玉忠, 杜昱光, 宋晓妍. 2017. 海洋生物制品开发与利用［M］. 北京: 科学出版社.

郑金林. 1998. 日本海洋矿产和能源开发计划［J］. 海洋信息, (7): 29.

智研咨询. 2019. 2020—2026 年中国保健品行业市场现状调研及市场发展前景报告［R］.

中商产业研究院. 2021 年上半年中国生物医药行业运行情况回顾及下半年发展前景预

测 ［EB/OL］. 2021. https：//cj. sina. com. cn/articles/view/124528 634 2/ 4a3
98fc60 01011oux.

周墨，刘辉军，吴春萌，等．2018.湛江市海洋生物医药产业发展的 PESTEL 模型分析
［J］．金融经济，（2）：89-92.

周墨．2018.广东省海洋生物医药产业集群发展对策研究［D］．湛江：广东海洋大学．

朱坚真，周珊珊，李蓝波．2020.广东海洋经济发展示范区建设对江苏的启示［J］．大
陆桥视野，（2）：93-100.

Marine Hydrolyzed Collagen Market Size，Share & Trends Analysis Report By Application
（Cosmetics & Personal Care，Food & Beverages，Healthcare），By Region（North America，
APAC），And Segment Forecasts，2021 - 2028 ［EB/OL］. 2021. https：//
www. grandviewresearch. com/industry-analysis/marine-hydrolyzed-collagen-market-re-
port.

SONG Y，LEI Y，ZHAO J，et al. 2014. The status of natural gas hydrate research in China：
A review ［J］. Renewable & Sustainable Energy Reviews. 31：778-791.

250